人间清醒

鲁迅365醒世真言 2025版

黄乔生 王兆阳 编著

中原出版传媒集团
中原传媒股份公司

大象出版社
·郑州·

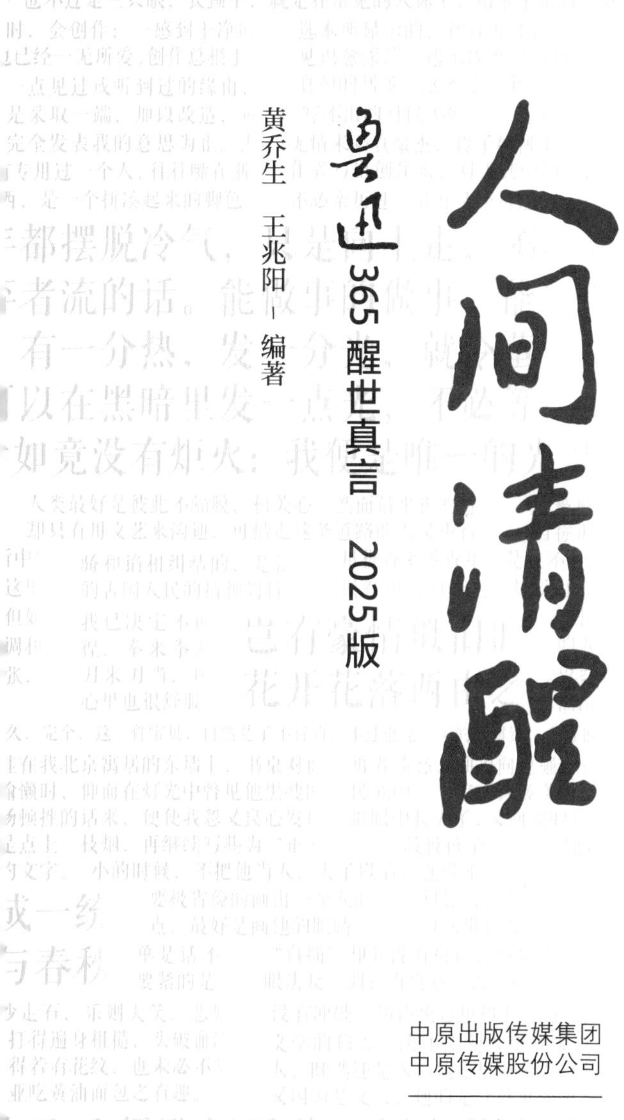

人间清醒

鲁迅365醒世真言 2025版

黄乔生　王兆阳 编著

中原出版传媒集团
中原传媒股份公司

大象出版社

·郑州·

图书在版编目（CIP）数据

人间清醒：鲁迅365醒世真言：2025版 / 黄乔生，王兆阳编著. -- 郑州：大象出版社, 2024. 10. -- ISBN 978-7-5711-2286-7

Ⅰ. P195.2

中国国家版本馆CIP数据核字第2024H6H699号

人间清醒：鲁迅 365 醒世真言　2025 版

RENJIAN QINGXING：LUXUN 365 XINGSHI ZHENYAN 2025 BAN

黄乔生　王兆阳　编著

出 版 人	汪林中	选题策划	潘江祥
责任编辑	李俊俊　孙震华	营销编辑	李双双
责任校对	牛志远　张绍纳	封面插画	赵延年
封面设计	今亮後聲 HOPESOUND 2580590616@qq.com	装帧设计	张　萍

出版发行　大象出版社（郑州市郑东新区祥盛街 27 号　邮编 450016）
　　　　　发行科　0371-63863551　总编室　0371-65597936

网　　址　www.daxiang.cn

印　　刷　河北鸿运腾达印刷有限公司

经　　销　全国新华书店

开　　本　889毫米×1194毫米　1/48

印　　张　16

字　　数　250 千字

版　　次　2024 年 10 月第 1 版　2024 年 10 月第 1 次印刷

定　　价　118.00 元

前　言

所谓真言，即不虚，不诳，不欺，听者、读者能从中得到教益——自然有时不免刺耳，因为真言是良言，如良药，虽然苦口，却利于治病消灾。

真言说得精练有力，就叫“箴言”。《说文》：“箴，缀衣箴也。从竹，咸声。”箴的本义是缝衣服用的工具，本用竹子做成。又古者以石为箴，所以刺病，即针砭，医学上称为针灸，有疗愈作用。精辟、凝练的话，久之甚至可以作为成语流传，还可以成为谚语，民间称为“炼话”，简短几句甚至一句、几个字，总结经验，提炼哲理，示人真相，给人警示，教人见贤思齐。

将贤明的真理之言，收集刻印，书于绅上，铭诸座右，是古今中外文化史的优良传统。中国古代有《论语》，继而有理学、禅学和心学的“语录”；西方在《圣经》的“箴言”之后，继踵者不绝，英国约翰逊博士的奇言妙语，法国拉罗什富科的《道德箴言录》，美国富兰克林的《穷理查年鉴》，都风靡世界，至今脍炙人口。

鲁迅的真言（箴言），是中国现当代文化史上的明珠，是他对人生的深切感受，对历史的深刻洞察。鲁迅作为优秀作家和深刻的思想家，影响及于中国政治社会文化各个方面。阅读鲁迅，有助于认识中国现代社会文化，有助于观察现实，有助于人生进步。

鲁迅在评价中国历史和现实时，言辞犀利，时有激烈之言，下药较猛，让人发汗，刺人疼痛。他在翻译日本随笔集《出了象牙之塔》之后，认为原作者厨川白村表现了战士的姿态，“于本国的微温，中道，妥协，虚假，小气，自大，保守等世态，一一加以辛辣的攻击和无所假借的批评”。他一面称快，一面也自省，说自己翻译这本书，“也并非想揭邻人的缺失，来聊博国人的快意”，“我旁观他鞭责自己时，仿佛痛楚到了我的身上了，后来却又霍然，宛如服了一帖凉药”。鲁迅提醒同胞注意于自己的肿痛，及时进行疗治。今天的现实虽与鲁迅时代大不相同，但阅读鲁迅，对了解中国历史、社会和国民品性同样具有启发作用。

鲁迅不写空话、套话，他直面人生，从不瞒骗；他不是一个冷眼旁观者，而是积极的参与者；他不但是破坏者，而且是建设者；他不是一个恨世者、犬儒、乡愿，而是一个无畏的战士，一个具有人道主义情怀的人。现在，中国正处于文化发展关键期，如何汲取前辈，尤其是鲁迅一代新文化前驱者的智慧，开拓创新，常将鲁迅的真言（箴言）涵泳体味，读者所得的感悟和教益值得期待。

鲁迅作品语言之凝练，蕴含之丰富，在现代作家中少有。他的作品，随便拿起来读一段，就感到有趣味，耐琢磨，便是所谓教导，也入情入理，让人信服，因为是真言。既然是真言，本书选取文字的方法很简单，就是与鲁迅原话有出入的，无论多么精彩也弃之不用。如网上流传的鲁迅说用“海绵里的水”比喻时间，用别人喝咖啡的时间工作，吃的是草而挤出来的是牛奶等，即便引用率很高，也只得割爱。

本书引用鲁迅之语，全出自鲁迅著作，参阅鲁迅手稿、著作初刊和初版本，鲁迅时代某些词句和标点符号与现行用法不一致者，仍遵其旧，不做改动。为方便读者查阅原文，进一步探究上下文语境，每条真言都注明出处。本书的插图，多为版画。以黑白为正宗的木刻作品，视觉上很有冲击力。晚年鲁迅大力提倡新兴版画，举办木刻讲习会，编辑印刷作品集，举办作品展览会，他自己收藏中外版画三千多幅，生前编辑出版了《拈花集》《引玉集》《木刻纪程》《苏联版画集》等。本书图注文字力求简洁，只标注名称和作者，如“高尔基《母亲》插画　亚历克舍夫”。

以版画与真言（箴言）对照，将入木三分的画面和力透纸背的文字相结合，让读者在学习鲁迅思想和语言的同时，也能得到艺术的陶冶和美的享受。

1933年五一国际劳动节摄于上海（鲁迅日记：“下午往春阳馆照相。”是日鲁迅拍摄三张照片，两张穿外套，所穿毛背心系五年前许广平所赠）

木刻讲习会结业合影（1931 年 8 月，鲁迅借日语学校举办为期六天的木刻讲习会，请内山完造的弟弟内山嘉吉讲授木刻技法，并亲任翻译。1931 年 8 月 22 日摄）

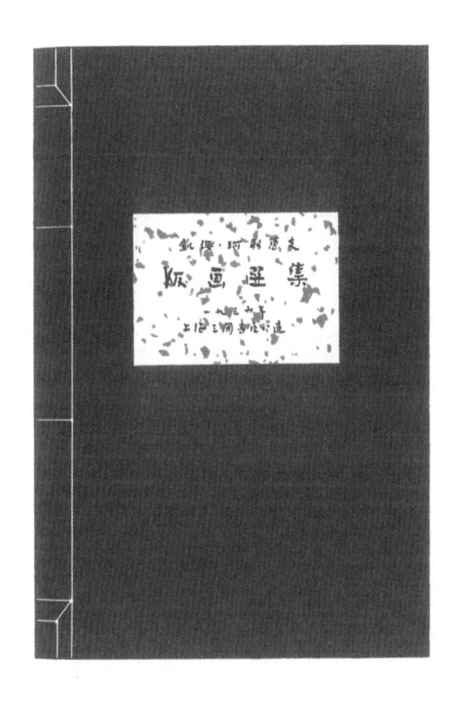

《凯绥·珂勒惠支版画选集》封面［上海三闲书屋1936年5月初版。收录德国版画家凯绥·珂勒惠支（1867—1945）作品21幅。卷首有1936年4月12日史沫特莱作、茅盾译的序文《凯绥·珂勒惠支——民众的艺术家》。鲁迅作《序目》。作品原拓本及相关资料系鲁迅委托徐诗荃和史沫特莱购买］

《木刻纪程》（鲁迅编辑，铁木艺术社印行，计收木刻 24 幅，作者为何白涛、陈烟桥等人，初版印 120 本。据鲁迅日记，系 1934 年 8 月 14 日编讫付印）

的确是我说的。

——《集外集拾遗补编·通讯（复孙伏园）》

一月 January

НАЧАЛО
ДНЯ

《一天的开始》封面插画　　梅泽尔尼茨基

希望是本无所谓有，无所谓无的。这正如地上的路；其实地上本没有路，走的人多了，也便成了路。

——《呐喊·故乡》

January

1月

Wednesday

星期三

1

公历二〇二五年

农历甲辰年　龙

腊月　初二

元旦

《开始作工》　　凯尔·梅斐尔德

从来如此，便对么？

——《呐喊·狂人日记》

January

1 月

Thursday

星期四

2

公历二〇二五年

农历甲辰年　龙

腊月　初三

《农家的生活》　司提芬·蓬

人类的悲欢并不相通，我只觉得他们吵闹。

——《而已集·小杂感》

January

1 月

Friday

星期五

3

公历二〇二五年

农历甲辰年 龙

腊月 初四

《红的智慧》　杰平

别人应许给你的事物，不可当真。

——《且介亭杂文末编·死》

January

1 月

Saturday

星期六

4

公历二〇二五年

农历甲辰年 龙

腊月 初五

《韩江舟子》　　罗清桢

时间就是性命。无端的空耗别人的时间，其实是无异于谋财害命的。

——《且介亭杂文·门外文谈》

January

1 月

Sunday

星期日

5

公历二〇二五年

农历甲辰年 龙

腊月 初六

小寒

《伯劳》　达格力秀

沉默呵，沉默呵！不在沉默中爆发，就在沉默中灭亡。

——《华盖集续编·记念刘和珍君》

January

*1*月

Monday

星期一

6

公历二〇二五年

农历甲辰年 龙

腊月 初七

《淡水鲈鱼》　达格力秀

师如荒谬，不妨叛之，但师如非罪而遭冤，却不可乘机下石，以图快敌人之意而自救。

——1933年6月18日致曹聚仁

January

*1*月

Tuesday

星期二

7

公历二〇二五年

农历甲辰年　龙

腊月　初八

腊八节

《田凫》　达格力秀

猛兽是单独的，牛羊则结队。

——《坟·春末闲谈》

January

1月

Wednesday

星期三

8

公历二〇二五年

农历甲辰年 龙

腊月 初九

三九天

《黎明》　郑野夫

不必问现在要什么，只要问自己能做什么。

——1934 年 10 月 9 日致萧军

January

1 月

Thursday

星期四

公历二〇二五年

农历甲辰年　龙

腊月　初十

《在码头上》　密德罗辛

初初出阵的时候，幼稚和浅薄都不要紧，然而也须不断的（！）生长起来才好。

——《三闲集·鲁迅译著书目》

January

1 月

Friday

星期五

公历二〇二五年

农历甲辰年 龙

腊月 十一

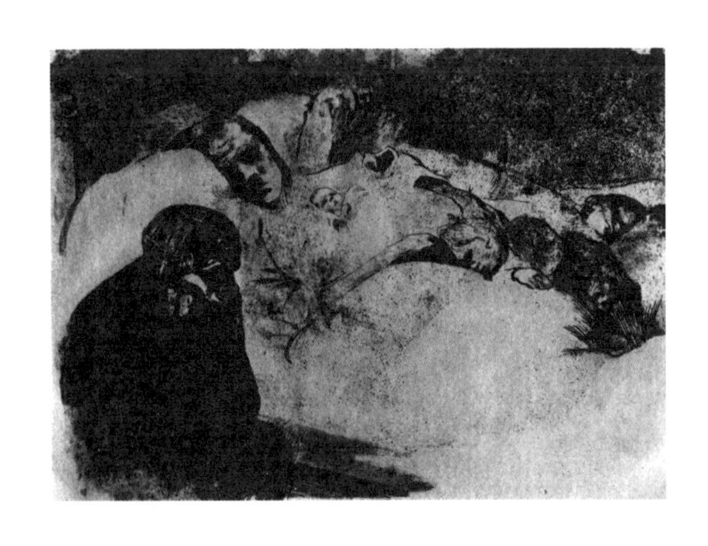

《失业》　　凯绥·珂勒惠支

与名流学者谈，对于他之所讲，当装作偶有不懂之处。太不懂被看轻，太懂了被厌恶。偶有不懂之处，彼此最为合宜。

——《而已集·小杂感》

January

*1*月

Saturday

星期六

公历二〇二五年

农历甲辰年 龙

腊月 十二

《自画像》　凯绥·珂勒惠支

譬如厨子做菜，有人品评他坏，他固不应该将厨刀铁釜交给批评者，说道你试来做一碗好的看。

——《热风·对于批评家的希望》

January

*1*月

Sunday

星期日

12

腊月 十三

农历甲辰年 龙

公历二〇二五年

《织工队》　凯绥·珂勒惠支

幻灭之来，多不在假中见真，而在真中见假。

——《三闲集·怎么写（夜记之一）》

January

*1*月

Monday

星期一

13

公历二〇二五年

农历甲辰年 龙

腊月 十四

《母与子》　凯绥·珂勒惠支

让他们怨恨去，我也一个都不宽恕。

——《且介亭杂文末编·死》

January

1 月

Tuesday

星期二

14

公历二〇二五年

农历甲辰年　龙

腊月　十五

《德国的孩子们饿着！》　　凯绥·珂勒惠支

只看一个人的著作，结果是不大好的：你就得不到多方面的优点。必须如蜜蜂一样，采过许多花，这才能酿出蜜来，倘若叮在一处，所得就非常有限，枯燥了。

——1936年4月15日致颜黎民

January

1 **月**

Wednesday

星期三

公历二〇二五年

农历甲辰年 龙

腊月 十六

《断头台边的舞蹈》　　凯绥·珂勒惠支

防被欺。自称盗贼的无须防，得其反倒是好人；自称正人君子的必须防，得其反则是盗贼。

——《而已集·小杂感》

January

1 月

Thursday

星期四

公历二〇二五年

农历甲辰年 龙

腊月 十七

《面包！》　　凯绥·珂勒惠支

横眉冷对千夫指，俯首甘为孺子牛。

——《集外集·自嘲》

January

1 月

Friday

星期五

17

公历二〇二五年

农历甲辰年 龙

腊月 十八

四九天

《磨镰刀》　凯绥·珂勒惠支

倘若一定要问我青年应当向怎样的目标，那么，我只可以说出我为别人设计的话，就是：一要生存，二要温饱，三要发展。有敢来阻碍这三事者，无论是谁，我们都反抗他，扑灭他！

——《华盖集·北京通信》

January

1 月

Saturday

星期六

18

公历二〇二五年

农历甲辰年 龙

腊月 十九

《扫叶工人》　罗清桢

用秕谷来养青年，是决不会壮大的，将来的成就，且要更渺小……

——《准风月谈·由聋而哑》

January

*1*月

Sunday

星期日

19

公历二〇二五年

农历甲辰年　龙

腊月　二十

《街》　密德罗辛

回忆从前，这才觉得大半年来，只为了爱，——盲目的爱，——而将别的人生的要义全盘疏忽了。第一，便是生活。人必生活着，爱才有所附丽。

——《彷徨·伤逝》

January

1 月

Monday

星期一

公历二〇二五年

农历甲辰年　龙

腊月　廿一

大寒

《小组》　凯尔·梅斐尔德

曾经阔气的要复古，正在阔气的要保持现状，未曾阔气的要革新。

——《而已集·小杂感》

January

*1*月

Tuesday

星期二

21

公历二〇二五年

农历甲辰年　龙

腊月　廿二

《伊里亚特》插图　　苏复洛甫

损着别人的牙眼，却反对报复，主张宽容的人，万勿和他接近。

——《且介亭杂文末编·死》

January

1 月

Wednesday

星期三

公历二〇二五年

农历甲辰年　龙

腊月　廿三

北小年

《第一筐》　　凯尔·梅斐尔德

绝望之为虚妄，正与希望相同。

——《野草·希望》

January

1 月

Thursday

星期四

23

公历二〇二五年

农历甲辰年 龙

腊月 廿四

南小年

《集体渔场》　密德罗辛

贪安稳就没有自由，要自由就总要历些危险。

——《集外集拾遗·老调子已经唱完》

January

1 月

Friday

星期五

公历二〇二五年

农历甲辰年　龙

腊月　廿五

《莫斯科的“列宁”图书馆》　　克拉甫兼珂

凡带一点改革性的主张，倘于社会无涉，才可以作为“废话”而存留，万一见效，提倡者即大概不免吃苦或杀身之祸。

——《而已集·答有恒先生》

January

*1*月

Saturday

星期六

25

公历二〇二五年

农历甲辰年　龙

腊月　廿六

《“国立美术馆图书室”藏书图记》　　毕斯凯莱夫

我所佩服诸公的只有一点，是这种东西也居然会有发表的勇气。

——《热风·估〈学衡〉》

January

1月

Sunday

星期日

公历二〇二五年

农历甲辰年 龙

腊月 廿七

五九天

绥拉菲摩维支《铁流》插画　　毕斯凯莱夫

人生最苦痛的是梦醒了无路可以走。做梦的人是幸福的；倘没有看出可走的路，最要紧的是不要去惊醒他。

——《坟·娜拉走后怎样》

January

1 月

Monday

星期一

公历二〇二五年

农历甲辰年 龙

腊月 廿八

绥拉菲摩维支《铁流》插画　　毕斯凯莱夫

改造自己，总比禁止别人来得难。

——《且介亭杂文二集·论毛笔之类》

January

*1*月

Tuesday

星期二

28

公历二〇二五年

农历甲辰年 龙

腊月 廿九

除夕

《识字教本》插画　　毕斯凯莱夫

人间世事，恨和尚往往就恨袈裟。

——《花边文学·一思而行》

January

*1*月

Wednesday

星期三

公历二〇二五年

农历乙巳年 蛇

正月 初一

春节

《识字教本》插画　　毕斯凯莱夫

梦是好的；否则，钱是要紧的。

——《坟·娜拉走后怎样》

January

1 月

Thursday

星期四

公历二〇二五年

农历乙巳年　蛇

正月　初二

《一九一七年十月》　　法复尔斯基

然而造化又常常为庸人设计，以时间的流驶，来洗涤旧迹，仅使留下淡红的血色和微漠的悲哀。在这淡红的血色和微漠的悲哀中，又给人暂得偷生，维持着这似人非人的世界。

——《华盖集续编·记念刘和珍君》

January

*1*月

Friday

星期五

31

公历二〇二五年

农历乙巳年　蛇

正月　初三

2

二月 February

果戈理《伊凡·菲陀罗维支·斯朋加和他的婶娘》插画
法复尔斯基

钱这个字很难听，或者要被高尚的君子们所非笑，但我总觉得人们的议论是不但昨天和今天，即使饭前和饭后，也往往有些差别。

——《坟·娜拉走后怎样》

February

2月

Saturday

星期六

1

公历二〇二五年

农历乙巳年 蛇

正月 初四

СЕРГЕЙ СПАССКИЙ

НОВОГОДНЯЯ

ИЗДАТЕЛЬСТВО
ПИСАТЕЛЕЙ
В ЛЕНИНГРАДЕ
1932

斯派斯基《新年的夜晚》封面插画　　法复尔斯基

倘是狮子，自夸怎样肥大是不妨事的，但如果是一口猪或一匹羊，肥大倒不是好兆头。

——《准风月谈·黄祸》

February

2月

Sunday

星期日

2

公历二〇二五年

农历乙巳年 蛇

正月 初五

斯派斯基《新年的夜晚》插画　　法复尔斯基

娜拉走后怎样?……不是堕落，就是回来。

——《坟·娜拉走后怎样》

February

2月

Monday

星期一

公历二〇二五年

农历乙巳年 蛇

正月 初六

立春

斯派斯基《新年的夜晚》插画　　法复尔斯基

一切女子，倘不得到和男子同等的经济权，我以为所有好名目，就都是空话。

——《南腔北调集·关于妇女解放》

February

2月

Tuesday

星期二

4

公历二〇二五年

农历乙巳年 蛇

正月 初七

六九天

斯派斯基《新年的夜晚》插画　　法复尔斯基

自然，在生理和心理上，男女是有差别的；即在同性中，彼此也都不免有些差别，然而地位却应该同等。必须地位同等之后，才会有真的女人和男人，才会消失了叹息和苦痛。

——《南腔北调集·关于妇女解放》

February

2月

Wednesday

星期三

正月初八

农历乙巳年 蛇

公历二〇二五年

《引玉集》插图　　法复尔斯基

至于幼稚，尤其没有什么可羞，正如孩子对于老人，毫没有什么可羞一样。幼稚是会生长，会成熟的，只不要衰老，腐败，就好。

——《三闲集·无声的中国》

February

2月

Thursday

星期四

6

公历二〇二五年

农历乙巳年 蛇

正月 初九

《梅里美(Prosper Merimee)像》　　法复尔斯基

救救孩子……

——《呐喊·狂人日记》

February

2月

Friday

星期五

7

公历二〇二五年

农历乙巳年 蛇

正月 初十

《彼得·亚历克舍夫的供词（左半）》　冈察罗夫

他们应该有新的生活，为我们所未经生活过的。

——《呐喊·故乡》

February

2月

Saturday

星期六

8

公历二〇二五年

农历乙巳年 蛇

正月 十一

《彼得·亚历克舍夫的供词（右半）》　　冈察罗夫

小的时候，不把他当人，大了以后，也做不了人。

——《热风·随感录二十五》

February

2月

Sunday

星期日

9

公历二〇二五年

农历乙巳年 蛇

正月 十二

叶遂宁《蒲加采夫》插画　　冈察罗夫

孩子长大，倘无才能，可寻点小事情过活，万不可去做空头文学家或美术家。

——《且介亭杂文末编·死》

February

2月

Monday

星期一

公历二〇二五年

农历乙巳年　蛇

正月　十三

葛氏《戈舍克的两个生活》封面插画　　冈察罗夫

中国的人们，遇见带有会使自己不安的朕兆的人物，向来就用两样法：将他压下去，或者将他捧起来。

——《华盖集·这个与那个》

February

2月

Tuesday

星期二

公历二〇二五年

农历乙巳年 蛇

正月 十四

果戈理《索洛金市集》插画　　冈察罗夫

勇者愤怒，抽刃向更强者；怯者愤怒，却抽刃向更弱者。不可救药的民族中，一定有许多英雄，专向孩子们瞪眼。这些孱头们！孩子们在瞪眼中长大了，又向别的孩子们瞪眼，并且想：他们一生都过在愤怒中。

——《华盖集·杂感》

February

2月

Wednesday

星期三

12

公历二〇二五年

农历乙巳年 蛇

正月 十五

元宵节

慈洛宾《萨拉瓦特·尤拉耶夫》插画　　冈察罗夫

中国是古国，历史长了，花样也多，情形复杂，做人也特别难，我觉得别的国度里，处世法总还要简单，所以每个人可以有工夫做些事，在中国，则单是为生活，就要化去生命的几乎全部。……单是一些无聊事，就会化去许多力气。

——1934 年 12 月 6 日致萧军、萧红

February

2月

Thursday

星期四

13

公历二〇二五年

农历乙巳年 蛇

正月 十六

七九天

《达尔文像》　冈察罗夫

爱情必须时时更新，生长，创造。

——《彷徨·伤逝》

February

2月

Friday

星期五

公历二〇二五年

农历乙巳年　蛇

正月　十七

情人节

《革命的各战线》　　毕珂夫

中国人的性情是总喜欢调和，折中的。譬如你说，这屋子太暗，须在这里开一个窗，大家一定不允许的。但如果你主张拆掉屋顶，他们就会来调和，愿意开窗了。没有更激烈的主张，他们总连平和的改革也不肯行。

——《三闲集·无声的中国》

February

2月

Saturday

星期六

公历二〇二五年

农历乙巳年 蛇

正月 十八

白黎《愉乐书室》插画　　莫察罗夫

我们中国人对于不是自己的东西，或者将不为自己所有的东西，总要破坏了才快活的。

——《华盖集续编·记谈话》

February

2月

Sunday

星期日

公历二〇二五年

农历乙巳年　蛇

正月　十九

白黎《愉乐书室》插画　　莫察罗夫

“我们先前——比你阔的多啦！你算是什么东西！”

——《呐喊·阿Q正传》

February

2月

Monday

星期一

17

公历二〇二五年

农历乙巳年　蛇

正月　二十

阿察洛夫斯基《五道河》插画　　希仁斯基

“你怎么会姓赵！——你那里配姓赵！”

——《呐喊·阿Q正传》

February

2月

Tuesday

星期二

18

雨水

正月 廿一

农历乙巳年 蛇

公历二〇二五年

阿察洛夫斯基《五道河》插画　　希仁斯基

我翻开历史一查，这历史没有年代，歪歪斜斜的每页上都写着“仁义道德”几个字，我横竖睡不着，仔细看了半夜，才从字缝里看出来，满本上都写着两个字“吃人”！

——《呐喊·狂人日记》

February

2月

Wednesday

星期三

19

公历二〇二五年

农历乙巳年 蛇

正月 廿二

阿察洛夫斯基《五道河》插画　　希仁斯基

我向来是不惮以最坏的恶意，来推测中国人的，然而我还不料，也不信竟会下劣凶残到这地步。

——《华盖集续编·记念刘和珍君》

February

2月

Thursday

星期四

公历二〇二五年

农历乙巳年 蛇

正月 廿三

阿察洛夫斯基《五道河》插画　　希仁斯基

从生活窘迫过来的人，一到了有钱，容易变成两种情形：一种是理想世界，替处同一境遇的人着想，便成为人道主义；一种是什么都是自己挣起来，从前的遭遇，使他觉得什么都是冷酷，便流为个人主义。我们中国大概是变成个人主义者多。

——《集外集·文艺与政治的歧途》

February

2月

Friday

星期五

21

公历二〇二五年

农历乙巳年　蛇

正月　廿四

高尔基《母亲》插画　　亚历克舍夫

中国的孩子，只要生，不管他好不好，只要多，不管他才不才。生他的人，不负教他的责任。

——《热风·随感录二十五》

February

2月

Saturday

星期六

公历二〇二五年

农历乙巳年 蛇

正月 廿五

八九天

高尔基《母亲》插画　　亚历克舍夫

奴才做了主人，是决不肯废去“老爷”的称呼的，他的摆架子，恐怕比他的主人还十足，还可笑。

——《二心集·上海文艺之一瞥》

February

2月

Sunday

星期日

公历二〇二五年

农历乙巳年 蛇

正月 廿六

高尔基《母亲》插画　　亚历克舍夫

我们从古以来，就有埋头苦干的人，有拚命硬干的人，有为民请命的人，有舍身求法的人，……虽是等于为帝王将相作家谱的所谓“正史”，也往往掩不住他们的光耀，这就是中国的脊梁。

——《且介亭杂文·中国人失掉自信力了吗》

February

2月

Monday

星期一

24

公历二〇二五年

农历乙巳年　蛇

正月　廿七

高尔基《母亲》插画　　亚历克舍夫

第一次吃螃蟹的人是很可佩服的，不是勇士谁敢去吃它呢？螃蟹有人吃，蜘蛛一定也有人吃过，不过不好吃，所以后人不吃了。像这种人我们当极端感谢的。

——《集外集拾遗·今春的两种感想》

February

2月

Tuesday

星期二

公历二〇二五年

农历乙巳年 蛇

正月 廿八

高尔基《母亲》插画　　亚历克舍夫

苟活者在淡红的血色中，会依稀看见微茫的希望；
真的猛士，将更奋然而前行。

——《华盖集续编·记念刘和珍君》

February

2月

Wednesday

星期三

公历二〇二五年

农历乙巳年 蛇

正月 廿九

高尔基《母亲》插画　　亚历克舍夫

有缺点的战士终竟是战士，完美的苍蝇也终竟不过是苍蝇。

——《华盖集·战士和苍蝇》

February

2月

Thursday

星期四

27

公历二〇二五年

农历乙巳年 蛇

正月 三十

高尔基《母亲》插画　　亚历克舍夫

人们因为社交的要求，聚在一处，又因为各有可厌的许多性质和难堪的缺陷，再使他们分离。他们最后所发见的距离，——使他们得以聚在一处的中庸的距离，就是“礼让”和“上流的风习”。

——《华盖集续编·一点比喻》

February

2月

Friday

星期五

公历二〇二五年

农历乙巳年　蛇

二月　初一

3

三月

March

高尔基《母亲》插画　　亚历克舍夫

真的猛士，敢于直面惨淡的人生，敢于正视淋漓的鲜血。

——《华盖集续编·记念刘和珍君》

March

*3*月

Saturday

星期六

1

公历二〇二五年

农历乙巳年　蛇

二月　初二

龙抬头

高尔基《母亲》插画　　亚历克舍夫

旧的和新的，往往有极其相同之点。

——《三闲集·我的态度气量和年纪》

March

*3*月

Sunday

星期日

2

公历二〇二五年

农历乙巳年　蛇

二月　初三

高尔基《母亲》插画　　亚历克舍夫

什么是路？就是从没路的地方践踏出来的，从只有荆棘的地方开辟出来的。

——《热风·随感录六十六　生命的路》

March

3 月

Monday

星期一

3

公历二〇二五年

农历乙巳年　蛇

二月　初四

九九天

高尔基《母亲》插画　　亚历克舍夫

希望是附丽于存在的，有存在，便有希望，有希望，便是光明。

——《华盖集续编·记谈话》

March

3月

Tuesday

星期二

4

公历二〇二五年

农历乙巳年　蛇

二月　初五

高尔基《母亲》插画　　亚历克舍夫

愿中国青年都摆脱冷气，只是向上走，不必听自暴自弃者流的话。能做事的做事，能发声的发声。有一分热，发一分光，就令萤火一般，也可以在黑暗里发一点光，不必等候炬火。此后如竟没有炬火：我便是唯一的光。

——《热风·四十一》

March

3月

Wednesday

星期三

公历二〇二五年

农历乙巳年　蛇

二月　初六

惊蛰

高尔基《母亲》插画　　亚历克舍夫

革命当然有破坏，然而更需要建设，破坏是痛快的，但建设却是麻烦的事。

——《二心集·对于左翼作家联盟的意见》

March

3月

Thursday

星期四

6

公历二〇二五年

农历乙巳年　蛇

二月　初七

高尔基《母亲》插画　　亚历克舍夫

自由固不是钱所能买到的，但能够为钱而卖掉。

——《坟·娜拉走后怎样》

March

3月

Friday

星期五

7

公历二〇二五年

农历乙巳年 蛇

二月 初八

印度《鹦哥故事》插画　　波查日斯基

事实常没有字面这么好看。

——《伪自由书·崇实》

March

*3*月

Saturday

星期六

公历二〇二五年

农历乙巳年 蛇

二月 初九

国际妇女节

印度《鹦哥故事》插画　　波查日斯基

人必有所缺，这才想起他所需。

——《南腔北调集·由中国女人的脚，推定中国人之非中庸，又由此推定孔夫子有胃病》

March

3月

Sunday

星期日

9

公历二〇二五年

农历乙巳年　蛇

二月　初十

《克里木，珂克杰比尔城，雅克木契克山》　　波查日斯基

一道浊流，固然不如一杯清水的干净而澄明，但蒸溜了浊流的一部分，却就有许多杯净水在。

——《准风月谈·由聋而哑》

March

3月

Monday

星期一

10

公历二〇二五年

农历乙巳年 蛇

二月 十一

《克里木，珂克杰比尔城附近之黑海岸》　波查日斯基

“他们忘却了纪念，纪念也忘却了他们！”

——《呐喊·头发的故事》

March

3月

Tuesday

星期二

公历二〇二五年

农历乙巳年　蛇

二月　十二

《少年歌德像》　法复尔斯基

“一劳永逸”的话，有是有的，而“一劳永逸”的事却极少。

——《花边文学·再论重译》

March

3月

Wednesday

星期三

12

公历二〇二五年

农历乙巳年 蛇

二月 十三

植树节

《七个奇迹》插图　　法复尔斯基

爱夜的人要有听夜的耳朵和看夜的眼睛，自在暗中，看一切暗。

——《准风月谈·夜颂》

March

3月

Thursday

星期四

公历二〇二五年

农历乙巳年 蛇

二月 十四

《皮利里亚克小说》装饰画　　法复尔斯基

奴才总不过是寻人诉苦。只要这样，也只能这样。

——《野草·聪明人和傻子和奴才》

March

3月

Friday

星期五

公历二〇二五年

农历乙巳年　蛇

二月　十五

《第聂伯水电站工程》　　克拉甫兼珂

局里的生活，原如鸟贩子手里的禽鸟一般，仅有一点小米维系残生，决不会肥胖；日子一久，只落得麻痹了翅子，即使放出笼外，早已不能奋飞。

——《彷徨·伤逝》

March

3月

Saturday

星期六

15

公历二〇二五年

农历乙巳年　蛇

二月　十六

《静静的顿河》插画　　克拉甫兼珂

有一伟大的男子站在我面前，美丽，慈悲，遍身有大光辉，然而我知道他是魔鬼。

——《野草·失掉的好地狱》

March

*3*月

Sunday

星期日

16

公历二〇二五年

农历乙巳年 蛇

二月 十七

《静静的顿河》插画　　克拉甫兼珂

连他长指甲都不肯剪去的人，是决不肯剪去他的辫子的。

——《三闲集·无声的中国》

March

3月

Monday

星期一

17

公历二〇二五年

农历乙巳年 蛇

二月 十八

《静静的顿河》插画　　克拉甫兼珂

我先前以为人在地上虽没有任意生存的权利，却总有任意死掉的权利的。现在才知道并不然，也很难适合人们的公意。

——《野草·死后》

March

3月

Tuesday

星期二

18

二月 十九

农历乙巳年 蛇

公历二〇二五年

《静静的顿河》插画　　克拉甫兼珂

墨写的谎说，决掩不住血写的事实。血债必须用同物偿还。拖欠得愈久，就要付更大的利息！

——《华盖集续编·无花的蔷薇之二》

March

*3*月

Wednesday

星期三

19

公历二〇二五年

农历乙巳年 蛇

二月 二十

《静静的顿河》插画　　克拉甫兼珂

世界竟是这么广大，而又这么狭窄；穷人是这么相爱，而又不得相爱；暮年是这么孤寂，而又不安于孤寂。

——《集外集·〈穷人〉小引》

March

3月

Thursday

星期四

公历二〇二五年

农历乙巳年　蛇

二月　廿一

春分

《静静的顿河》插画　　克拉甫兼珂

做梦，是自由的，说梦，就不自由。做梦，是做真梦的，说梦，就难免说谎。

——《南腔北调集·听说梦》

March

3月

Friday

星期五

21

公历二〇二五年

农历乙巳年 蛇

二月 廿二

《静静的顿河》插画　　克拉甫兼珂

自杀是卑怯的行为。

——《且介亭杂文末编·女吊》

March

3月

Saturday

星期六

公历二〇二五年

农历乙巳年 蛇

二月 廿三

《静静的顿河》插画　　克拉甫兼珂

人世间真是难处的地方，说一个人“不通世故”，固然不是好话，但说他“深于世故”也不是好话。

——《南腔北调集·世故三昧》

March

3月

Sunday

星期日

公历二〇二五年

农历乙巳年　蛇

二月　廿四

《静静的顿河》插画　　克拉甫兼珂

最高的轻蔑是无言，而且连眼珠也不转过去。

——《且介亭杂文末编·半夏小集》

March

3月

Monday

星期一

公历二〇二五年

农历乙巳年 蛇

二月 廿五

《静静的顿河》插画　　克拉甫兼珂

生一点病，的确也是一种福气。不过这里有两个必要条件：一要病是小病，并非什么霍乱吐泻，黑死病，或脑膜炎之类；二要至少手头有一点现款，不至于躺一天，就饿一天。这二者缺一，便是俗人，不足与言生病之雅趣的。

——《且介亭杂文·病后杂谈》

March

3月

Tuesday

星期二

公历二〇二五年

农历乙巳年 蛇

二月 廿六

《静静的顿河》插画　　克拉甫兼珂

和朋友谈心，不必留心，但和敌人对面，却必须刻刻防备。我们和朋友在一起，可以脱掉衣服，但上阵要穿甲。

——1935 年 3 月 13 日致萧军、萧红

March

*3*月

Wednesday

星期三

26

公历二〇二五年

农历乙巳年　蛇

二月　廿七

《凯勒短篇小说》插画　　希仁斯基

意图生存，而太卑怯，结果就得死亡。

——《华盖集·北京通信》

March

3月

Thursday

星期四

公历二〇二五年

农历乙巳年 蛇

二月 廿八

《凯勒短篇小说》插画　　希仁斯基

社会上崇敬名人，于是以为名人的话就是名言，却忘记了他之所以得名是那一种学问或事业。名人被崇奉所诱惑，也忘记了自己之所以得名是那一种学问或事业，渐以为一切无不胜人，无所不谈，于是乎就悖起来了。其实，专门家除了他的专长之外，许多见识是往往不及博识家或常识者的。

——《且介亭杂文二集·名人和名言》

March

3月

Friday

星期五

公历二〇二五年

农历乙巳年　蛇

二月　廿九

《凯勒短篇小说》插画　　希仁斯基

冷静，在两人之间，是有缺点的，但打闹，也有弊病，不过，倘能立刻互相谅解，那也不妨。至于孩子，偶然看看是有趣的，但养起来，整天在一起，却真是麻烦得很。

——1934 年 12 月 6 日致萧军、萧红

March

*3*月

Saturday

星期六

公历二〇二五年

农历乙巳年　蛇

三月　初一

《雷列人文集》插画　　希仁斯基

从喷泉里出来的都是水，从血管里出来的都是血。

——《而已集·革命文学》

March

3月

Sunday

星期日

30

三月初二

农历乙巳年 蛇

公历二〇二五年

列宁格勒风景区帕夫洛夫斯克风景　　波查尔斯基

“急不择言”的病源，并不在没有想的工夫，而在有工夫的时候没有想。

——《华盖集·忽然想到（十至十一）》

March

3月

Monday

星期一

31

公历二〇二五年

农历乙巳年 蛇

三月 初三

上巳节

4

四月

April

菲尔丁《弃儿汤姆·琼斯的历史》插画　　波查尔斯基

我们是应该将“名人的话”和“名言”分开来的，名人的话并不都是名言；许多名言，倒出自田夫野老之口。

——《且介亭杂文二集·名人和名言》

April

4月

Tuesday

星期二

1

公历二〇二五年

农历乙巳年　蛇

三月　初四

愚人节

菲尔丁《弃儿汤姆·琼斯的历史》插画　　波查尔斯基

唾沫还是静静的咽下去好，免得后来自己舐回去。

——《华盖集续编·不是信》

April

4月

Wednesday

星期三

公历二〇二五年

农历乙巳年　蛇

三月　初五

菲尔丁《弃儿汤姆·琼斯的历史》插画　　波查尔斯基

杀了“现在”，也便杀了“将来”。——将来是子孙的时代。

——《热风·五十七　现在的屠杀者》

April

4月

Thursday

星期四

3

公历二〇二五年

农历乙巳年　蛇

三月　初六

寒食节

菲尔丁《弃儿汤姆·琼斯的历史》插画　　波查尔斯基

说话说到有人厌恶，比起毫无动静来，还是一种幸福。

——《坟·题记》

April

4月

Friday

星期五

4

公历二〇二五年

农历乙巳年 蛇

三月 初七

清明节

《马拉像》　冈察罗夫

金子做了骨髓，也还是站不直。

——《准风月谈·后记》

April

4月

Saturday

星期六

5

公历二〇二五年

农历乙巳年 蛇

三月 初八

伊凡诺夫《田野》插画　　冈察罗夫

一认真，便容易趋于激烈，发扬则送掉自己的命，
沉静着，又咕碎了自己的心。

——《且介亭杂文·忆韦素园君》

April

4月

Sunday

星期日

公历二〇二五年

农历乙巳年 蛇

三月 初九

伊凡诺夫《斯莫科季宁的生活》插画　　冈察罗夫

孩子是要别人教的，毛病是要别人医的，即使自己是教员或医生。但做人处世的法子，却恐怕要自己斟酌，许多别人开来的良方，往往不过是废纸。

——《花边文学·安贫乐道法》

April

4月

Monday

星期一

7

公历二〇二五年

农历乙巳年 蛇

三月 初十

伊凡诺夫《斯莫科季宁的生活》插画　　冈察罗夫

不读书便成愚人，那自然也不错的。然而世界却正由愚人造成，聪明人决不能支持世界，尤其是中国的聪明人。

——《坟·写在〈坟〉后面》

April
4月

Tuesday
星期二

8

公历二〇二五年

农历乙巳年 蛇

三月 十一

伊凡诺夫《毛竹房子》插画　　冈察罗夫

然而怀疑并不是缺点。总是疑，而并不下断语，这才是缺点。

——《且介亭杂文末编·我要骗人》

April

4月

Wednesday

星期三

公历二〇二五年

农历乙巳年 蛇

三月 十二

《伊凡诺夫短篇小说》插画　　冈察罗夫

想到生的乐趣，生固然可以留恋；但想到生的苦趣，无常也不一定是恶客。

——《朝花夕拾·无常》

April

4月

Thursday

星期四

10

公历二〇二五年

农历乙巳年 蛇

三月 十三

《古希腊抒情诗》插图　　毕珂夫

人的言行，在白天和在深夜，在日下和在灯前，常常显得两样。

——《准风月谈·夜颂》

April

4月

Friday

星期五

公历二〇二五年

农历乙巳年 蛇

三月 十四

《拜拜诺娃画像》　　毕珂夫

长歌当哭，是必须在痛定之后的。

——《华盖集续编·记念刘和珍君》

April

4月

Saturday

星期六

12

公历二〇二五年

农历乙巳年 蛇

三月 十五

《奥多耶夫斯基像》　莫恰洛夫

人们因为能忘却，所以自己能渐渐地脱离了受过的苦痛，也因为能忘却，所以往往照样地再犯前人的错误。

——《坟·娜拉走后怎样》

April

4月

Sunday

星期日

公历二〇二五年

农历乙巳年 蛇

三月 十六

《奥多耶夫斯基诗集》插画　　莫恰洛夫

说起大众来，界限宽泛得很，其中包括着各式各样的人，但即使“目不识丁”的文盲，由我看来，其实也并不如读书人所推想的那么愚蠢。

——《且介亭杂文·门外文谈》

April

4月

Monday

星期一

公历二〇二五年

农历乙巳年 蛇

三月 十七

《巴黎公社与艺术家》插画　　莫恰洛夫

世间大抵只知道指挥刀所以指挥武士，而不想到也可以指挥文人。

——《而已集·小杂感》

April

4月

Tuesday

星期二

15

公历二〇二五年

农历乙巳年　蛇

三月　十八

《巴黎公社与艺术家》插画　　莫恰洛夫

一滴水，用显微镜看，也是一个大世界。

——《两地书·六十》

April

4月

Wednesday

星期三

16

公历二〇二五年

农历乙巳年　蛇

三月　十九

《采蘑菇》　　奥尔洛娃－莫恰洛娃

全然忘却，毫无怨恨，又有什么宽恕之可言呢？无怨的恕，说谎罢了。

——《野草·风筝》

April

4月

Thursday

星期四

17

公历二〇二五年

农历乙巳年　蛇

三月　二十

伊本·穆格法《卡里来和笛木乃》插画　　布多戈斯基

倘非身临其境，实在有些说不清。譬如一碗酸辣汤，耳闻口讲的，总不如亲自呷一口的明白。

——《华盖集续编·记“发薪”》

April

4月

Friday

星期五

18

公历二〇二五年

农历乙巳年 蛇

三月 廿一

伊本·穆格法《卡里来和笛木乃》插画　　布多戈斯基

帮朋友的忙，帮到后来，只忙了自己，这是常常要遇到的。

——1935 年 4 月 23 日致萧军、萧红

April

4 月

Saturday

星期六

19

公历二〇二五年

农历乙巳年　蛇

三月　廿二

伊本·穆格法《卡里来和笛木乃》插画　　布多戈斯基

人寿有限，“世故”无穷。

——《而已集·再谈香港》

April

4月

Sunday

星期日

谷雨

三月　廿三

农历乙巳年　蛇

公历二〇二五年

狄更斯《远大前程》插画　　布多戈斯基

激烈得快的，也平和得快，甚至于也颓废得快。

——《二心集·上海文艺之一瞥》

April

4月

Monday

星期一

公历二〇二五年

农历乙巳年 蛇

三月 廿四

狄更斯《远大前程》插画　　布多戈斯基

对于人生，既惮扰攘，又怕离去，懒于求生，又不乐死，实有太板，寂绝又太空，疲倦得要休息，而休息又太凄凉，所以又必须有一种抚慰。

——《且介亭杂文二集·“题未定”草（六至九）》

April

4月

Tuesday

星期二

公历二〇二五年

农历乙巳年 蛇

三月 廿五

世界地球日

狄更斯《远大前程》插画　　布多戈斯基

驯良之类并不是恶德。但发展开去，对一切事无不驯良，却决不是美德，也许简直倒是没出息。

——《且介亭杂文·从孩子的照相说起》

April

4月

Wednesday

星期三

23

公历二〇二五年

农历乙巳年　蛇

三月　廿六

世界读书日

狄更斯《远大前程》插画　　布多戈斯基

死者倘不埋在活人的心中，那就真真死掉了。

——《华盖集续编·空谈》

April

4月

Thursday

星期四

24

公历二〇二五年

农历乙巳年 蛇

三月 廿七

狄更斯《远大前程》插画　　布多戈斯基

博识家的话多浅，专门家的话多悖。博识家的话多浅，意义自明，惟专门家的话多悖的事，还得加一点申说，他们的悖，未必悖在讲述他们的专门，是悖在倚专家之名，来论他所专门以外的事。

——《且介亭杂文二集·名人和名言》

April

4月

Friday

星期五

公历二〇二五年

农历乙巳年　蛇

三月　廿八

戈尔巴托夫《我的同一代人》插画　　梅泽尔尼茨基

事实是毫无情面的东西，它能将空言打得粉碎。

——《花边文学·安贫乐道法》

April

4月

Saturday

星期六

26

公历二〇二五年

农历乙巳年 蛇

三月 廿九

戈尔巴托夫《我的同一代人》插画　　梅泽尔尼茨基

只有纠缠如毒蛇，执着如怨鬼，二六时中，没有已时者有望。

——《华盖集·杂感》

April

4月

Sunday

星期日

27

公历二〇二五年

农历乙巳年 蛇

三月 三十

瓦洛夫《阿乔索夫的孩子们》插画　　梅泽尔尼茨基

有时也觉得宽恕是美德，但立刻也疑心这话是怯汉所发明，因为他没有报复的勇气；或者倒是卑怯的坏人所创造，因为他贻害于人而怕人来报复，便骗以宽恕的美名。

——《坟·杂忆》

April

4月

Monday

星期一

公历二〇二五年

农历乙巳年　蛇

四月　初一

瓦洛夫《阿乔索夫的孩子们》插画　　梅泽尔尼茨基

“发思古之幽情”，往往为了现在。

——《花边文学·又是“莎士比亚”》

April

4月

Tuesday

星期二

四月 初二

农历乙巳年 蛇

公历二〇二五年

《拜塞梅像》　索洛维赤克

缺点可以改正，优点可以相师。相书上有一条说，北人南相，南人北相者贵。我看这并不是妄语。北人南相者，是厚重而又机灵，南人北相者，不消说是机灵而又能厚重。昔人之所谓“贵”，不过是当时的成功，在现在，那就是做成有益的事业了。这是中国人的一种小小的自新之路。

——《花边文学·北人与南人》

April

4月

Wednesday

星期三

30

公历二〇二五年

农历乙巳年 蛇

四月 初三

5

五月

May

《高尔基像》　索洛维赤克

宁可与敌人明打，不欲受同人暗算也。

——1934 年 5 月 1 日致娄如瑛

May

5月

Thursday

星期四

1

公历二〇二五年

农历乙巳年 蛇

四月 初四

国际劳动节

《契诃夫》　　保夫理诺夫

人们对于夜里出来的动物，总不免有些讨厌他，大约因为他偏不睡觉，和自己的习惯不同，而且在昏夜的沉睡或“微行”中，怕他会窥见什么秘密罢。

——《准风月谈·谈蝙蝠》

May
5月

Friday
星期五

2

公历二〇二五年

农历乙巳年 蛇

四月 初五

《普希金像》　保夫理诺夫

敌人是不足惧的，最可怕的是自己营垒里的蛀虫，许多事都败在他们手里。

——1934 年 12 月 6 日致萧军、萧红

May

5月

Saturday

星期六

3

公历二〇二五年

农历乙巳年　蛇

四月　初六

《铸铁厂》　斯塔罗诺索夫

一个人的言行，总有一部分愿意别人知道，或者不妨给别人知道，但有一部分却不然。然而一个人的脾气，又偏爱知道别人不肯给人知道的一部分。

——《且介亭杂文二集·孔另境编〈当代文人尺牍钞〉序》

May
5月

Sunday
星期日

公历二〇二五年

农历乙巳年 蛇

四月 初七

五四青年节

ANTIQUARIAT

《古物广告》正面　　苏沃罗夫

倘使对于黑暗的主力，不置一辞，不发一矢，而但向“弱者”唠叨不已，则纵使他如何义形于色……他其实乃是杀人者的帮凶而已。

——《花边文学·论秦理斋夫人事》

May

5月

Monday

星期一

5

公历二〇二五年

农历乙巳年 蛇

四月 初八

立夏

《古物广告》背面　　苏沃罗夫

盖天下的事，往往决计问罪在先，而搜集罪状（普通是十条）在后也。

——《三闲集·通信（并Y来信）》

May

*5*月

Tuesday

星期二

6

公历二〇二五年

农历乙巳年　蛇

四月　初九

果戈理《死魂灵》插画　　阿庚（A. Agin）

无论古今，凡是没有一定的理论，或主张的变化并无线索可寻，而随时拿了各种各派的理论来作武器的人，都可以称之为流氓。

——《二心集·上海文艺之一瞥》

May

5月

Wednesday

星期三

公历二〇二五年

农历乙巳年 蛇

四月 初十

果戈理《死魂灵》插画　　阿庚（A. Agin）

忽讲买卖，忽讲友情，只要有利于己的，什么方法都肯用，这正是流氓行为的模范标本。

——1934 年 8 月 3 日致徐懋庸

May

5月

Thursday

星期四

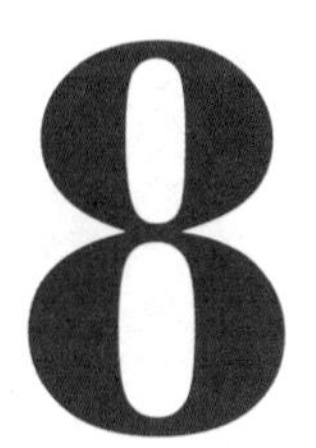

公历二〇二五年

农历乙巳年 蛇

四月 十一

果戈理《死魂灵》插画　　阿庚（A. Agin）

我们所认为在崇拜偶像者，其中的有一部分其实并不然，他本人原不信偶像，不过将这来做傀儡罢了。和尚喝酒养婆娘，他最不信天堂地狱。巫师对人见神见鬼，但神鬼是怎样的东西，他自己的心里是明白的。

——《集外集拾遗补编·通信（复张孟闻）》

May

5月

Friday

星期五

9

公历二〇二五年

农历乙巳年 蛇

四月 十二

果戈理《死魂灵》插画　　阿庚（A. Agin）

谣言这东西，却确是造谣者本心所希望的事实，我们可以借此看看一部分人的思想和行为。

——《华盖集续编·无花的蔷薇之三》

May

5月

Saturday

星期六

公历二〇二五年

农历乙巳年 蛇

四月 十三

果戈理《死魂灵》插画　　阿庚（A. Agin）

待到伟大的人物成为化石，人们都称他伟人时，他已经变了傀儡了。

——《华盖集续编·无花的蔷薇》

May

5月

Sunday

星期日

公历二〇二五年

农历乙巳年 蛇

四月 十四

母亲节

果戈理《死魂灵》插画　　阿庚（A. Agin）

愈是无聊赖，没出息的脚色，愈想长寿，想不朽，愈喜欢多照自己的照相，愈要占据别人的心，愈善于摆臭架子。

——《华盖集续编·古书与白话》

May
*5*月

Monday
星期一

12

公历二〇二五年

农历乙巳年　蛇

四月　十五

国际护士节

果戈理《死魂灵》插画　　阿庚（A. Agin）

道德这事，必须普遍，人人应做，人人能行，又于自他两利，才有存在的价值。

——《坟·我之节烈观》

May

*5*月

Tuesday

星期二

13

公历二〇二五年

农历乙巳年 蛇

四月 十六

果戈理《死魂灵》插画　　阿庚（A. Agin）

奢侈和淫靡只是一种社会崩溃腐化的现象，决不是原因。

——《南腔北调集·关于女人》

May

5月

Wednesday

星期三

14

公历二〇二五年

农历乙巳年 蛇

四月 十七

果戈理《死魂灵》插画　　阿庚（A. Agin）

卑怯的人，即使有万丈的愤火，除弱草以外，又能烧掉甚么呢？

——《坟·杂忆》

May

*5*月

Thursday

星期四

15

公历二〇二五年

农历乙巳年　蛇

四月　十八

果戈理《死魂灵》插画　　阿庚（A. Agin）

以人为鉴，明白非常，是使人能够反省的妙法。

——《译文序跋集·〈毁灭〉后记》

May

*5*月

Friday

星期五

16

公历二〇二五年

农历乙巳年 蛇

四月 十九

果戈理《死魂灵》插画　阿庚（A. Agin）

谣言不辩，诬蔑不洗，只管自己做事，而顺便中，则偶刺之。

——1934年6月21日致郑振铎

May

5月

Saturday

星期六

17

公历二〇二五年

农历乙巳年 蛇

四月 二十

果戈理《死魂灵》插画　　阿庚（A. Agin）

对手如凶兽时就如凶兽，对手如羊时就如羊！那么，无论什么魔鬼，就都只能回到他自己的地狱里去。

——《华盖集·忽然想到（七至九）》

May

5月

Sunday

星期日

18

公历二〇二五年

农历乙巳年 蛇

四月 廿一

果戈理《死魂灵》插画　阿庚（A. Agin）

对于谣言，我是不会懊恼的，如果懊恼，每月就得懊恼几回，也未必活到现在了。大约这种境遇，是可以练习惯的，后来就毫不要紧。倘有谣言，自己就懊恼，那就中了造谣者的计了。

——1935 年 7 月 29 日致萧军

May

5月

Monday

星期一

19

公历二〇二五年

农历乙巳年 蛇

四月 廿二

果戈理《死魂灵》插画　　阿庚（A. Agin）

凡细小的事情，都可以不必介意。一旦身临其境，倒也没有什么，譬如在围城中，亦未必如在城外之人所推想者之可怕也。

——1931 年 6 月 23 日致李秉中

May

5月

Tuesday

星期二

20

公历二〇二五年

农历乙巳年　蛇

四月　廿三

果戈理《死魂灵》插画　　阿庚（A. Agin）

对于为了远大的目的，并非因个人之利而攻击我者，无论用怎样的方法，我全都没齿无怨言。

——《三闲集·鲁迅译著书目》

May

5月

Wednesday

星期三

小满

四月　廿四

农历乙巳年　蛇

公历二〇二五年

果戈理《死魂灵》插画　　阿庚（A. Agin）

我们看历史，能够据过去以推知未来，看一个人的已往的经历，也有一样的效用。

——《华盖集·答 KS 君》

May

5月

Thursday

星期四

公历二〇二五年

农历乙巳年 蛇

四月 廿五

果戈理《死魂灵》插画　阿庚（A. Agin）

普通大抵以和自己不同的人为古怪，这成见，必须跑过许多路，见过许多人，才能够消除。

——1935年3月13日致萧军、萧红

May

5月

Friday

星期五

公历二〇二五年

农历乙巳年　蛇

四月　廿六

果戈理《死魂灵》插画　　阿庚（A. Agin）

漫骂固然冤屈了许多好人，但含含胡胡的扑灭“漫骂”，却包庇了一切坏种。

——《花边文学·漫骂》

May

5月

Saturday

星期六

公历二〇二五年

农历乙巳年 蛇

四月 廿七

果戈理《死魂灵》插画　阿庚（A. Agin）

见事太明，做事即失其勇，庄子所谓“察见渊鱼者不祥”，盖不独谓将为众所忌，且于自己的前进亦有碍也。

——1925 年 3 月 31 日致许广平

May

5月

Sunday

星期日

公历二〇二五年

农历乙巳年 蛇

四月 廿八

果戈理《死魂灵》插画　　阿庚（A. Agin）

倘能生存，我当然仍要学习。

——《且介亭杂文末编·答徐懋庸并关于抗日统一战线问题》

May

5月

Monday

星期一

26

公历二〇二五年

农历乙巳年 蛇

四月 廿九

果戈理《死魂灵》插画　　阿庚（A. Agin）

这拉纤或把舵的好方法，虽然也可以口谈，但大抵得益于实验，无论怎么看风看水，目的只是一个：向前。

——《且介亭杂文·门外文谈》

May

*5*月

Tuesday

星期二

27

公历二〇二五年

农历乙巳年　蛇

五月　初一

果戈理《死魂灵》插画　　阿庚（A. Agin）

泥土和天才比，当然是不足齿数的，然而不是坚苦卓绝者，也怕不容易做；不过事在人为，比空等天赋的天才有把握。这一点，是泥土的伟大的地方，也是反有大希望的地方。

——《坟·未有天才之前》

May

5月

Wednesday

星期三

28

公历二〇二五年

农历乙巳年 蛇

五月 初二

果戈理《死魂灵》插画　　阿庚（A. Agin）

优胜者固然可敬，但那虽然落后而仍非跑至终点不止的竞技者，和见了这样竞技者而肃然不笑的看客，乃正是中国将来的脊梁。

——《华盖集·这个与那个》

May

5月

Thursday

星期四

公历二〇二五年

农历乙巳年 蛇

五月 初三

果戈理《死魂灵》插画　　阿庚（A. Agin）

“不耻最后”。即使慢，驰而不息，纵令落后，纵令失败，但一定可以达到他所向的目标。

——《华盖集·补白》

May

5月

Friday

星期五

30

公历二〇二五年

农历乙巳年 蛇

五月 初四

果戈理《死魂灵》插画　　阿庚（A. Agin）

我以为人类为向上，即发展起见，应该活动，活动而有若干失错，也不要紧。惟独半死半生的苟活，是全盘失错的。

——《华盖集·北京通信》

May

5月

Saturday

星期六

31

公历二〇二五年

农历乙巳年 蛇

五月 初五

端午节

6

六月

June

果戈理《死魂灵》插画　　阿庚（A. Agin）

我之所谓生存，并不是苟活；所谓温饱，并不是奢侈；所谓发展，也不是放纵。

——《华盖集·北京通信》

June

6月

Sunday

星期日

1

公历二〇二五年

农历乙巳年 蛇

五月 初六

国际儿童节

果戈理《死魂灵》插画　　阿庚（A. Agin）

但空谈之类，是谈不久，也谈不出什么来的，它终必被事实的镜子照出原形，拖出尾巴而去。

——1934年12月10日致萧军、萧红

June

6月

Monday

星期一

2

公历二〇二五年

农历乙巳年 蛇

五月 初七

果戈理《死魂灵》插画　　阿庚（A. Agin）

单是话不行，要紧的是做。

——《且介亭杂文·门外文谈》

June

*6*月

Tuesday

星期二

公历二〇二五年

农历乙巳年　蛇

五月　初八

果戈理《死魂灵》插画　　阿庚（A. Agin）

凡事总须研究，才会明白。

——《呐喊·狂人日记》

June

6月

Wednesday

星期三

公历二〇二五年

农历乙巳年 蛇

五月 初九

果戈理《死魂灵》插画　阿庚（A. Agin）

凡事以理想为因，实行为果。

——《译文序跋集·〈月界旅行〉辨言》

June

6月

Thursday

星期四

5

公历二〇二五年

农历乙巳年　蛇

五月　初十

芒种

《一个人的受难》插画　　麦绥莱勒

巨大的建筑，总是一木一石叠起来的，我们何妨做做这一木一石呢？我时常做些另碎事，就是为此。

——1935 年 6 月 29 日致赖少麒

June

*6*月

Friday

星期五

6

公历二〇二五年

农历乙巳年　蛇

五月　十一

《一个人的受难》插画　　麦绥莱勒

做一件事，无论大小，倘无恒心，是很不好的。而看一切太难，固然能使人无成，但若看得太容易，也能使事情无结果。

——1934 年 4 月 19 日致陈烟桥

June

6月

Saturday

星期六

公历二〇二五年

农历乙巳年 蛇

五月 十二

《一个人的受难》插画　　麦绥莱勒

假使做事要面面顾到，那就什么事都不能做了。

——《集外集拾遗补编·关于知识阶级》

June

6月

Sunday

星期日

8

公历二〇二五年

农历乙巳年 蛇

五月 十三

《一个人的受难》插画　　麦绥莱勒

只要能培一朵花，就不妨做做会朽的腐草。

——《三闲集·〈近代世界短篇小说集〉小引》

June

*6*月

Monday

星期一

9

公历二〇二五年

农历乙巳年 蛇

五月 十四

《一个人的受难》插画　　麦绥莱勒

将来是现在的将来，于现在有意义，才于将来会有意义。

——《南腔北调集·论“第三种人”》

June

*6*月

Tuesday

星期二

公历二〇二五年

农历乙巳年　蛇

五月　十五

《一个人的受难》插画　　麦绥莱勒

与其找胡涂导师，倒不如自己走，可以省却寻觅的工夫，横竖他也什么都不知道。

——《集外集·田园思想（通讯）》

June

6月

Wednesday

星期三

公历二〇二五年

农历乙巳年 蛇

五月 十六

《一个人的受难》插画　　麦绥莱勒

定要有自信的勇气，才会有工作的勇气！

——《南腔北调集·论“第三种人”》

June

6月

Thursday

星期四

12

公历二〇二五年

农历乙巳年 蛇

五月 十七

《一个人的受难》插画　　麦绥莱勒

不断的不相信自己——结果一定做不成。

——1935 年 11 月 25 日致叶紫

June

6 月

Friday

星期五

13

公历二〇二五年

农历乙巳年 蛇

五月 十八

《一个人的受难》插画　　麦绥莱勒

于浩歌狂热之际中寒；于天上看见深渊。于一切眼中看见无所有；于无所希望中得救……

——《野草·墓碣文》

June

6月

Saturday

星期六

14

公历二〇二五年

农历乙巳年 蛇

五月 十九

《一个人的受难》插画　　麦绥莱勒

捣鬼有术，也有效，然而有限，所以以此成大事者，古来无有。

——《南腔北调集·捣鬼心传》

June

*6*月

Sunday

星期日

15

公历二〇二五年

农历乙巳年 蛇

五月 二十

父亲节

《一个人的受难》插画　　麦绥莱勒

教书一久，即与一般社会睽离，无论怎样热心，做起事来总要失败。假如一定要做，就得存学者的良心，有市侩的手段，但这类人才，怕教员中间是未必会有的。

——《华盖集·通讯》

June

6月

Monday

星期一

五月 廿一

农历乙巳年 蛇

公历二〇二五年

《一个人的受难》插画　　麦绥莱勒

我以为国民倘没有智，没有勇，而单靠一种所谓“气”，实在是非常危险的。

——《坟·杂忆》

June

*6*月

Tuesday

星期二

公历二〇二五年

农历乙巳年 蛇

五月 廿二

《一个人的受难》插画　　麦绥莱勒

骄和谄相纠结的，是没落的古国人民的精神的特色。

——《二心集·现代电影与有产阶级》

June

6月

Wednesday

星期三

18

公历二〇二五年

农历乙巳年　蛇

五月　廿三

《一个人的受难》插画　　麦绥莱勒

中国人自然有迷信，也有“信”，但好像很少“坚信”。我们先前最尊皇帝，但一面想玩弄他，也尊后妃，但一面又有些想吊她的膀子；畏神明，而又烧纸钱作贿赂，佩服豪杰，却不肯为他作牺牲。崇孔的名儒，一面拜佛，信甲的战士，明天信丁。

——《且介亭杂文·运命》

June

*6*月

Thursday

星期四

19

公历二〇二五年

农历乙巳年 蛇

五月 廿四

《一个人的受难》插画　　麦绥莱勒

每一新的事物进来，起初虽然排斥，但看到有些可靠，就自然会改变。不过并非将自己变得合于新事物，乃是将新事物变得合于自己而已。

——《华盖集·补白》

June

6月

Friday

星期五

20

公历二〇二五年

农历乙巳年　蛇

五月　廿五

《一个人的受难》插画　　麦绥莱勒

中国人是并非“没有自知”之明的，缺点只在有些人安于“自欺”，由此并想“欺人”。譬如病人，患着浮肿，而讳疾忌医，但愿别人胡涂，误认他为肥胖。

——《且介亭杂文末编·“立此存照”（三）》

June

6月

Saturday

星期六

21

公历二〇二五年

农历乙巳年 蛇

五月 廿六

夏至

《一个人的受难》插画　　麦绥莱勒

中国人向来有点自大。——只可惜没有“个人的自大”，都是“合群的爱国的自大”。

——《热风·随感录三十八》

June

*6*月

Sunday

星期日

公历二〇二五年

农历乙巳年 蛇

五月 廿七

《一个人的受难》插画　　麦绥莱勒

“国粹”多的国民，尤为劳力费心，因为他的“粹”太多。粹太多，便太特别。太特别，便难与种种人协同生长，挣得地位。

——《热风·随感录三十六》

June

6月

Monday

星期一

公历二〇二五年

农历乙巳年 蛇

五月 廿八

《一个人的受难》插画　　麦绥莱勒

科学不但并不足以补中国文化之不足，却更加证明了中国文化之高深。风水，是合于地理学的，门阀，是合于优生学的，炼丹，是合于化学的，放风筝，是合于卫生学的。

——《花边文学·偶感》

June

6月

Tuesday

星期二

24

公历二〇二五年

农历乙巳年 蛇

五月 廿九

《一个人的受难》插画　　麦绥莱勒

不过中国的有一些士大夫，总爱无中生有，移花接木的造出故事来，他们不但歌颂升平，还粉饰黑暗。

——《且介亭杂文·病后杂谈》

June

6月

Wednesday

星期三

公历二〇二五年

农历乙巳年　蛇

六月　初一

《一个人的受难》插画　　麦绥莱勒

你看老百姓一声不响，将汗血贡献出来，自己弄到无衣无食，他们不是还要老百姓的性命吗?

——1934 年 12 月 6 日致萧军、萧红

June

6月

Thursday

星期四

公历二〇二五年

农历乙巳年　蛇

六月　初二

《一个人的受难》插画　　麦绥莱勒

所谓中国的文明者，其实不过是安排给阔人享用的人肉的筵宴。所谓中国者，其实不过是安排这人肉的筵宴的厨房。

——《坟·灯下漫笔》

June

6 月

Friday

星期五

27

公历二〇二五年

农历乙巳年　蛇

六月　初三

《一个人的受难》插画　　麦绥莱勒

说过话不算数，是中国人的大毛病。

——1936 年 8 月 27 日致曹靖华

June

6 月

Saturday

星期六

28

公历二〇二五年

农历乙巳年　蛇

六月　初四

《一个人的受难》插画　　麦绥莱勒

中国一向就少有失败的英雄，少有韧性的反抗，少有敢单身鏖战的武人，少有敢抚哭叛徒的吊客；见胜兆则纷纷聚集，见败兆则纷纷逃亡。

——《华盖集·这个与那个》

June

*6*月

Sunday

星期日

29

公历二〇二五年

农历乙巳年　蛇

六月　初五

《光明的追求》插画　　麦绥莱勒

倘要完全的书，天下可读的书怕要绝无，倘要完全的人，天下配活的人也就有限。

——《〈思想·山水·人物〉题记》

June

6月

Monday

星期一

30

公历二〇二五年

农历乙巳年　蛇

六月　初六

7

七月

July

《光明的追求》插画　　麦绥莱勒

我们的古人又造出了一种难到可怕的一块一块的文字；但我还并不十分怨恨，因为我觉得他们倒并不是故意的。然而，许多人却不能借此说话了，加以古训所筑成的高墙，更使他们连想也不敢想。现在我们所能听到的不过是几个圣人之徒的意见和道理，为了他们自己；至于百姓，却就默默的生长，萎黄，枯死了，像压在大石底下的草一样，已经有四千年！

——《集外集·俄文译本〈阿Q正传〉序及著者自叙传略》

July

7月

Tuesday

星期二

1

公历二〇二五年

农历乙巳年 蛇

六月 初七

建党节

《光明的追求》插画　　麦绥莱勒

英雄的血，始终是无味的国土里的人生的盐。

——《集外集拾遗·〈争自由的波浪〉小引》

July

7月

Wednesday

星期三

公历二〇二五年

农历乙巳年 蛇

六月 初八

《光明的追求》插画　　麦绥莱勒

虫蛆也许是不干净的，但它们并没有自鸣清高；鸷禽猛兽以较弱的动物为饵，不妨说是凶残的罢，但它们从来就没有竖过“公理”“正义”的旗子，使牺牲者直到被吃的时候为止，还是一味佩服赞叹它们。

——《朝花夕拾　狗·猫·鼠》

July

7月

Thursday

星期四

六月　初九

农历乙巳年　蛇

公历二〇二五年

《光明的追求》插画　　麦绥莱勒

小市民总爱听人们的丑闻，尤其是有些熟识的人的丑闻。

——《且介亭杂文二集·论“人言可畏”》

July

7月

Friday

星期五

4

公历二〇二五年

农历乙巳年　蛇

六月　初十

《光明的追求》插画　　麦绥莱勒

中国人原是喜欢“抢先”的人民，上落电车，买火车票，寄挂号信，都愿意是一到便是第一个。

——《准风月谈·为翻译辩护》

July
7月

Saturday
星期六

5

公历二〇二五年

农历乙巳年　蛇

六月　十一

《光明的追求》插画　　麦绥莱勒

我们的乏的古人想了几千年，得到一个制驭别人的巧法：可压服的将他压服，否则将他抬高。而抬高也就是一种压服的手段，常常微微示意说，你应该这样，倘不，我要将你摔下来了。

——《华盖集·我的“籍”和“系”》

July

7月

Sunday

星期日

公历二〇二五年

农历乙巳年　蛇

六月　十二

《光明的追求》插画　　麦绥莱勒

但我当一包现银塞在怀中，沉垫垫地觉得安心，喜欢的时候，却突然起了另一思想，就是：我们极容易变成奴隶，而且变了之后，还万分喜欢。

——《坟·灯下漫笔》

July

7月

Monday

星期一

公历二〇二五年

农历乙巳年　蛇

六月　十三

小暑

《光明的追求》插画　　麦绥莱勒

我独不解中国人何以于旧状况那么心平气和，于较新的机运就这么疾首蹙额；于已成之局那么委曲求全，于初兴之事就这么求全责备？

——《华盖集·这个与那个》

July

7月

Tuesday

星期二

8

公历二〇二五年

农历乙巳年 蛇

六月 十四

《光明的追求》插画　　麦绥莱勒

地球上不只一个世界，实际上的不同，比人们空想中的阴阳两界还利害。这一世界中人，会轻蔑，憎恶，压迫，恐怖，杀戮别一世界中人，……

——《且介亭杂文二集·叶紫作〈丰收〉序》

July

7月

Wednesday

星期三

六月　十五

农历乙巳年　蛇

公历二〇二五年

《光明的追求》插画　　麦绥莱勒

中国人有一种矛盾思想，即是：要子孙生存，而自己也想活得很长久，永远不死；及至知道没法可想，非死不可了，却希望自己的尸身永远不腐烂。

——《集外集拾遗·老调子已经唱完》

July

7月

Thursday

星期四

10

公历二〇二五年

农历乙巳年 蛇

六月 十六

《光明的追求》插画　　麦绥莱勒

无论从那里来的，只要是食物，壮健者大抵就无需思索，承认是吃的东西。惟有衰病的，却总常想到害胃，伤身，特有许多禁条，许多避忌；还有一大套比较利害而终于不得要领的理由，例如吃固无妨，而不吃尤稳，食之或当有益，然究以不吃为宜云云之类。但这一类人物总要日见其衰弱的，因为他终日战战兢兢，自己先已失了活气了。

——《坟·看镜有感》

July

7月

Friday

星期五

公历二〇二五年

农历乙巳年 蛇

六月 十七

《光明的追求》插画　　麦绥莱勒

然而自己明知道是奴隶，打熬着，并且不平着，挣扎着，一面“意图”挣脱以至实行挣脱的，即使暂时失败，还是套上了镣铐罢，他却不过是单单的奴隶。如果从奴隶生活中寻出“美”来，赞叹，抚摩，陶醉，那可简直是万劫不复的奴才了，他使自己和别人永远安住于这生活。

——《南腔北调集·漫与》

July

7月

Saturday

星期六

公历二〇二五年

农历乙巳年 蛇

六月 十八

《光明的追求》插画　　麦绥莱勒

蜜蜂的刺，一用即丧失了它自己的生命；犬儒的刺，一用则苟延了他自己的生命。

——《而已集·小杂感》

July

7月

Sunday

星期日

13

公历二〇二五年

农历乙巳年 蛇

六月 十九

《光明的追求》插画　　麦绥莱勒

我总觉得洋鬼子比中国人文明，货只管排，而那品性却很有可学的地方。这种敢于指摘自己国度的错误的，中国人就很少。

——《两地书·二九》

July
7月

Monday
星期一

14

公历二〇二五年
农历乙巳年 蛇
六月 二十

《光明的追求》插画　　麦绥莱勒

中国有许多妖魔鬼怪，专喜欢杀害有出息的人，尤其是孩子；要下贱，他们才放手，安心。

——《且介亭杂文末编·我的第一个师父》

July

7月

Tuesday

星期二

15

公历二〇二五年

农历乙巳年　蛇

六月　廿一

《光明的追求》插画　　麦绥莱勒

仰慕往古的，回往古去罢！想出世的，快出世罢！想上天的，快上天罢！灵魂要离开肉体的，赶快离开罢！现在的地上，应该是执着现在，执着地上的人们居住的。但厌恶现世的人们还住着。这都是现世的仇仇，他们一日存在，现世即一日不能得救。

——《华盖集·杂感》

July

7月

Wednesday

星期三

16

公历二〇二五年

农历乙巳年　蛇

六月　廿二

《光明的追求》插画　　麦绥莱勒

一个人如果一生没有遇到横祸，大家决不另眼相看，但若坐过牢监，到过战场，则即使他是一个万分平凡的人，人们也总看得特别一点。

——《两地书·序言》

July

7月

Thursday

星期四

公历二〇二五年

农历乙巳年　蛇

六月　廿三

《光明的追求》插画　　麦绥莱勒

这里的人照例相信鬼，然而她，却疑惑了，——或者不如说希望：希望其有，又希望其无……。人何必增添末路的人的苦恼，为她起见，不如说有罢。

——《彷徨·祝福》

July

7月

Friday

星期五

18

公历二〇二五年

农历乙巳年　蛇

六月　廿四

《光明的追求》插画　　麦绥莱勒

撒一点小谎，可以解无聊，也可以消闷气；到后来，忘却了真，相信了谎。也就心安理得，天趣盎然了起来。

——《且介亭杂文·病后杂谈》

July

7月

Saturday

星期六

19

公历二〇二五年

农历乙巳年 蛇

六月 廿五

《光明的追求》插画　　麦绥莱勒

凡是有名的隐士，他总是已经有了“悠哉游哉，聊以卒岁”的幸福的。倘不然，朝砍柴，昼耕田，晚浇菜，夜织屦，又那有吸烟品茗，吟诗作文的闲暇？

——《且介亭杂文二集·隐士》

July

7月

Sunday

星期日

20

公历二〇二五年

农历乙巳年 蛇

六月 廿六

初伏

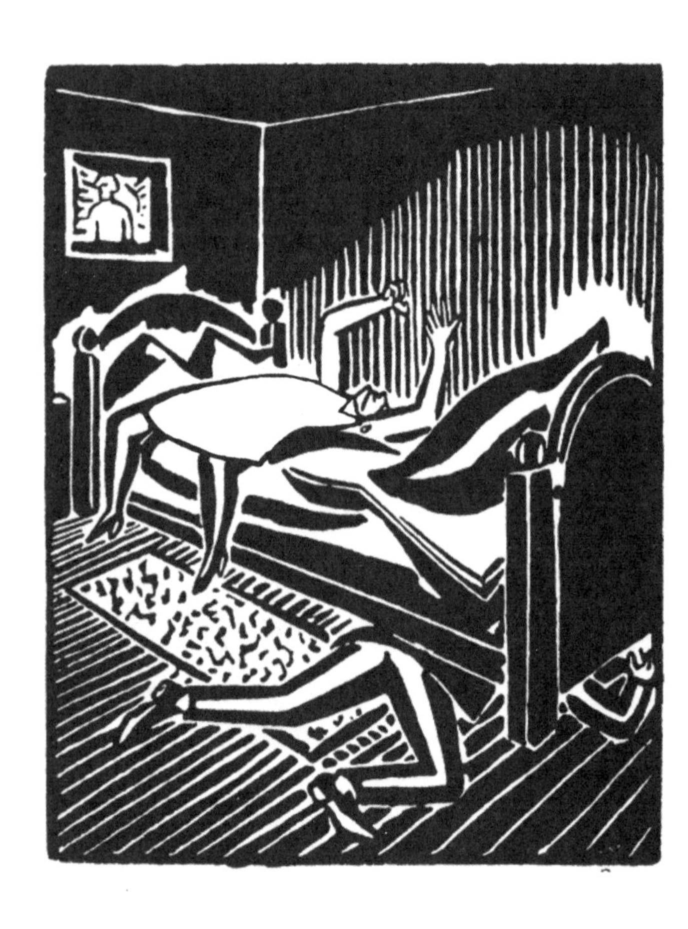

《光明的追求》插画　　麦绥莱勒

中国人没记性，因为没记性，所以昨天听过的话，今天忘记了，明天再听到，还是觉得很新鲜。做事也是如此，昨天做坏了的事，今天忘记了，明天做起来，也还是“仍旧贯”的老调子。

——《集外集拾遗·老调子已经唱完》

July

7月

Monday

星期一

21

公历二〇二五年

农历乙巳年 蛇

六月 廿七

《光明的追求》插画　　麦绥莱勒

它的性情就和别的猛兽不同，凡捕食雀鼠，总不肯一口咬死，定要尽情玩弄，放走，又捉住，捉住，又放走，直待自己玩厌了，这才吃下去，颇与人们的幸灾乐祸，慢慢地折磨弱者的坏脾气相同。

——《朝花夕拾　狗·猫·鼠》

July

7月

Tuesday

星期二

22

公历二〇二五年

农历乙巳年　蛇

六月　廿八

大暑

《光明的追求》插画　　麦绥莱勒

苟奴隶立其前，必衷悲而疾视，衷悲所以哀其不幸，疾视所以怒其不争。

——《坟·摩罗诗力说》

July

7月

Wednesday

星期三

23

六月 廿九

农历乙巳年 蛇

公历二〇二五年

《光明的追求》插画　　麦绥莱勒

可惜中国太难改变了，即使搬动一张桌子，改装一个火炉，几乎也要血；而且即使有了血，也未必一定能搬动，能改装。不是很大的鞭子打在背上，中国自己是不肯动弹的。

——《坟·娜拉走后怎样》

July

7月

Thursday

星期四

24

农历乙巳年 蛇

公历二〇二五年

六月 三十

《光明的追求》插画　　麦绥莱勒

杀人者在毁坏世界，救人者在修补它，而炮灰资格的诸公，却总在恭维杀人者。

——《且介亭杂文·拿破仑与隋那》

July
7月

Friday
星期五

25

公历二〇二五年
农历乙巳年　蛇
闰六月　初一

《光明的追求》插画　　麦绥莱勒

中国的天地间，不但做人，便是做鬼，也艰难极了。

——《朝花夕拾·〈二十四孝图〉》

July

7月

Saturday

星期六

公历二〇二五年

农历乙巳年 蛇

闰六月 初二

《光明的追求》插画　　麦绥莱勒

运命并不是中国人的事前的指导，乃是事后的一种不费心思的解释。

——《且介亭杂文·运命》

July

7月

Sunday

星期日

27

公历二〇二五年

农历乙巳年　蛇

闰六月　初三

《光明的追求》插画　　麦绥莱勒

文人的遭殃，不在生前的被攻击和被冷落，一瞑之后，言行两亡，于是无聊之徒，谬托知己，是非蜂起，既以自衒，又以卖钱，连死尸也成了他们的沽名获利之具，这倒是值得悲哀的。

——《且介亭杂文·忆韦素园君》

July

7月

Monday

星期一

公历二〇二五年

农历乙巳年 蛇

闰六月 初四

《光明的追求》插画　麦绥莱勒

“世故”深到不自觉其“深于世故”，这才真是“深于世故”的了。这是中国处世法的精义中的精义。

——《南腔北调集·世故三昧》

July

7月

Tuesday

星期二

公历二〇二五年

农历乙巳年　蛇

闰六月　初五

《光明的追求》插画　　麦绥莱勒

我们为传统思想所束缚，听到被评为“幼稚”便不高兴。但“幼稚”的反面是什么呢？好一点是“老成”，坏一点就是“老狯”。

——《译文序跋集·〈信州杂记〉译者附记》

July

7月

Wednesday

星期三

30

公历二〇二五年

农历乙巳年 蛇

闰六月 初六

中伏

《光明的追求》插画　　麦绥莱勒

施以狮虎式的教育，他们就能用爪牙，施以牛羊式的教育，他们到万分危急时还会用一对可怜的角。然而我们所施的是什么式的教育呢，连小小的角也不能有，则大难临头，惟有兔子似的逃跑而已。

——《南腔北调集·论“赴难”和“逃难”》

July

7月

Thursday

星期四

公历二〇二五年

农历乙巳年　蛇

闰六月　初七

8

八月

August

《光明的追求》插画　　麦绥莱勒

无论是学文学的，学科学的，他应该先看一部关于历史的简明而可靠的书。

——《且介亭杂文·随便翻翻》

August

8月

Friday

星期五

1

公历二〇二五年

农历乙巳年 蛇

闰六月 初八

建军节

《光明的追求》插画　　麦绥莱勒

中国人的不敢正视各方面，用瞒和骗，造出奇妙的逃路来，而自以为正路。在这路上，就证明着国民性的怯弱，懒惰，而又巧滑。一天一天的满足着，即一天一天的堕落着，但却又觉得日见其光荣。

——《坟·论睁了眼看》

August

8月

Saturday

星期六

2

公历二〇二五年

农历乙巳年 蛇

闰六月 初九

《光明的追求》插画　　麦绥莱勒

我看中国有许多智识分子，嘴里用各种学说和道理，来粉饰自己的行为，其实却只顾自己一个的便利和舒服，凡有被他遇见的，都用作生活的材料，一路吃过去，像白蚁一样，而遗留下来的，却只是一条排泄的粪。

——1935 年 4 月 23 日致萧军、萧红

August

8 月

Sunday

星期日

3

公历二〇二五年

农历乙巳年　蛇

闰六月　初十

《光明的追求》插画　　麦绥莱勒

豫言者，即先觉，每为故国所不容，也每受同时人的迫害，大人物也时常这样。他要得人们的恭维赞叹时，必须死掉，或者沉默，或者不在面前。

——《华盖集续编·无花的蔷薇》

August

*8*月

Monday

星期一

4

公历二〇二五年

农历乙巳年 蛇

闰六月 十一

《光明的追求》插画　　麦绥莱勒

自己被人凌虐，但也可以凌虐别人；自己被人吃，但也可以吃别人。一级一级的制驭着，不能动弹，也不想动弹了。

——《坟·灯下漫笔》

August

8 月

Tuesday

星期二

5

公历二〇二五年

农历乙巳年　蛇

闰六月　十二

《光明的追求》插画　　麦绥莱勒

我也曾有如现在的青年一样，向已死和未死的导师们问过应走的路。他们都说：不可向东，或西，或南，或北。但不说应该向东，或西，或南，或北。我终于发见他们心底里的蕴蓄了：不过是一个“不走”而已。

——《华盖集·这个与那个》

August

8月

Wednesday

星期三

公历二〇二五年

农历乙巳年　蛇

闰六月　十三

《光明的追求》插画　　麦绥莱勒

一家人家生了一个男孩，合家高兴透顶了。满月的时候，抱出来给客人看，——大概自然是想得一点好兆头。一个说："这孩子将来要发财的。"他于是得到一番感谢。一个说："这孩子将来要做官的。"他于是收回几句恭维。一个说："这孩子将来是要死的。"他于是得到一顿大家合力的痛打。……那么，你得说："啊呀！这孩子呵！您瞧！多么……。阿唷！哈哈！Hehe!he,hehehehe!"

——《野草·立论》

August

8月

Thursday

星期四

7

公历二〇二五年

农历乙巳年　蛇

闰六月　十四

立秋

《光明的追求》插画　　麦绥莱勒

实际上，中国人向来就没有争到过“人”的价格，至多不过是奴隶，到现在还如此，然而下于奴隶的时候，却是数见不鲜的。

——《坟·灯下漫笔》

August

*8*月

Friday

星期五

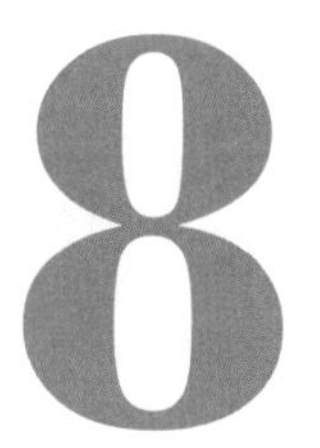

公历二〇二五年

农历乙巳年 蛇

闰六月 十五

《光明的追求》插画　　麦绥莱勒

照我自己想，虽然不是恶人，自从踹了古家的簿子，可就难说了。他们似乎别有心思，我全猜不出。况且他们一翻脸，便说人是恶人。我还记得大哥教我做论，无论怎样好人，翻他几句，他便打上几个圈；原谅坏人几句，他便说“翻天妙手，与众不同”。我那里猜得到他们的心思，究竟怎样；况且是要吃的时候。

——《呐喊·狂人日记》

August

***8*月**

Saturday

星期六

公历二〇二五年

农历乙巳年　蛇

闰六月　十六

末伏

《光明的追求》插画　　麦绥莱勒

莫非他造塔的时候，竟没有想到塔是终究要倒的么？

——《坟·论雷峰塔的倒掉》

August

*8*月

Sunday

星期日

公历二〇二五年

农历乙巳年 蛇

闰六月 十七

《光明的追求》插画　　麦绥莱勒

我们追悼了过去的人，还要发愿：要自己和别人，都纯洁聪明勇猛向上。要除去虚伪的脸谱。要除去世上害己害人的昏迷和强暴。我们追悼了过去的人，还要发愿：要除去于人生毫无意义的苦痛。要除去制造并赏玩别人苦痛的昏迷和强暴。我们还要发愿：要人类都受正当的幸福。

——《坟·我之节烈观》

August

*8*月

Monday

星期一

公历二〇二五年

农历乙巳年　蛇

闰六月　十八

《光明的追求》插画　　麦绥莱勒

自然赋与人们的不调和还很多，人们自己萎缩堕落退步的也还很多，然而生命决不因此回头。无论什么黑暗来防范思潮，什么悲惨来袭击社会，什么罪恶来亵渎人道，人类的渴仰完全的潜力，总是踏了这些铁蒺藜向前进。

——《热风·随感录六十六　生命的路》

August

*8*月

Tuesday

星期二

公历二〇二五年

农历乙巳年　蛇

闰六月　十九

《光明的追求》插画　　麦绥莱勒

不满是向上的车轮，能够载着不自满的人类，向人道前进。多有不自满的人的种族，永远前进，永远有希望。多有只知责人不知反省的人的种族，祸哉祸哉！

——《热风·六十一 不满》

August

8月

Wednesday

星期三

13

公历二〇二五年

农历乙巳年 蛇

闰六月 二十

《光明的追求》插画　　麦绥莱勒

世上如果还有真要活下去的人们，就先该敢说，敢笑，敢哭，敢怒，敢骂，敢打，在这可诅咒的地方击退了可诅咒的时代！

——《华盖集·忽然想到（五至六）》

August

8 月

Thursday

星期四

14

公历二〇二五年

农历乙巳年 蛇

闰六月 廿一

《光明的追求》插画　　麦绥莱勒

叛逆的猛士出于人间；他屹立着，洞见一切已改和现有的废墟和荒坟，记得一切深广和久远的苦痛，正视一切重叠淤积的凝血，深知一切已死，方生，将生和未生。他看透了造化的把戏；他将要起来使人类苏生，或者使人类灭尽，这些造物主的良民们。

——《野草·淡淡的血痕中》

August

8 **月**

Friday

星期五

15

公历二〇二五年

农历乙巳年 蛇

闰六月 廿二

《光明的追求》插画　　麦绥莱勒

敌人不足惧，最令人寒心而且灰心的，是友军中的从背后来的暗箭；受伤之后，同一营垒中的快意的笑脸。因此，倘受了伤，就得躲入深林，自己舐干，扎好，给谁也不知道。

——1935 年 4 月 23 日致萧军、萧红

August
*8*月

Saturday
星期六

公历二〇二五年
农历乙巳年　蛇
闰六月　廿三

《光明的追求》插画　　麦绥莱勒

青年们先可以将中国变成一个有声的中国。大胆地说话，勇敢地进行，忘掉了一切利害，推开了古人，将自己的真心的话发表出来。

——《三闲集·无声的中国》

August

8月

Sunday

星期日

17

公历二〇二五年

农历乙巳年 蛇

闰六月 廿四

《光明的追求》插画　　麦绥莱勒

忍看朋辈成新鬼，怒向刀丛觅小诗。

——《南腔北调集·为了忘却的记念》

August

*8*月

Monday

星期一

18

公历二〇二五年

农历乙巳年 蛇

闰六月 廿五

《光明的追求》插画　　麦绥莱勒

然而无论如何，“流言”总不能吓哑我的嘴……。

——《华盖集·我的“籍”和“系”》

August

8月

Tuesday

星期二

19

公历二〇二五年

农历乙巳年 蛇

闰六月 廿六

出伏

《光明的追求》插画　　麦绥莱勒

我们要革新的破坏者，因为他内心有理想的光。我们应该知道他和寇盗奴才的分别；应该留心自己堕入后两种。这区别并不烦难，只要观人，省己，凡言动中，思想中，含有借此据为己有的朕兆者是寇盗，含有借此占些目前的小便宜的朕兆者是奴才，无论在前面打着的是怎样鲜明好看的旗子。

——《坟·再论雷峰塔的倒掉》

August

8月

Wednesday

星期三

20

公历二〇二五年

农历乙巳年 蛇

闰六月 廿七

《光明的追求》插画　　麦绥莱勒

老百姓虽然不读诗书，不明史法，不解在瑜中求瑕，屎里觅道，但能从大概上看，明黑白，辨是非，往往有决非清高通达的士大夫所可几及之处的。

——《且介亭杂文二集·“题未定”草（六至九）》

August

8月

Thursday

星期四

公历二〇二五年

农历乙巳年　蛇

闰六月　廿八

《光明的追求》插画　　麦绥莱勒

惟有民魂是值得宝贵的，惟有他发扬起来，中国才有真进步。

——《华盖集续编·学界的三魂》

August

8月

Friday

星期五

公历二〇二五年

农历乙巳年　蛇

闰六月　廿九

《光明的追求》插画　　麦绥莱勒

生命的路是进步的，总是沿着无限的精神三角形的斜面向上走，什么都阻止他不得。

——《热风·随感录六十六　生命的路》

August

*8*月

Saturday

星期六

公历二〇二五年

农历乙巳年　蛇

七月　初一

处暑

《光明的追求》插画　　麦绥莱勒

斗争呢，我倒以为是对的。人被压迫了，为什么不斗争？

——《三闲集·文艺与革命（并冬芬来信）》

August

8月

Sunday

星期日

公历二〇二五年

农历乙巳年　蛇

七月　初二

《光明的追求》插画　　麦绥莱勒

然而说到希望，却是不能抹杀的，因为希望是在于将来，决不能以我之必无的证明，来折服了他之所谓可有。

——《呐喊·自序》

August

8 月

Monday

星期一

公历二〇二五年

农历乙巳年 蛇

七月 初三

《光明的追求》插画　　麦绥莱勒

我早就很希望中国的青年站出来，对于中国的社会，文明，都毫无忌惮地加以批评。

——《华盖集·题记》

August

8月

Tuesday

星期二

公历二〇二五年

农历乙巳年 蛇

七月 初四

《光明的追求》插画　　麦绥莱勒

青年应当天真烂漫。

——《坟·寡妇主义》

August

*8*月

Wednesday

星期三

27

公历二〇二五年

农历乙巳年 蛇

七月 初五

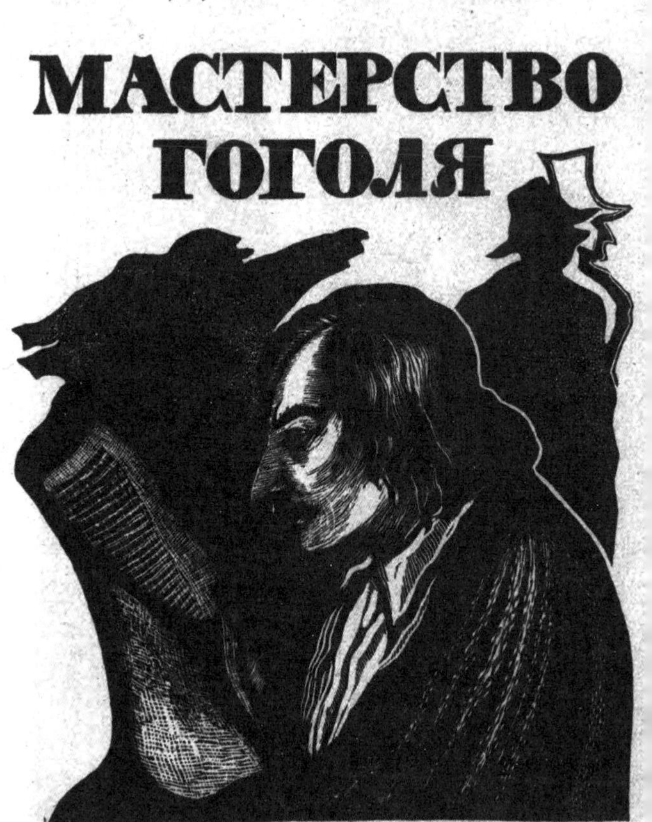

《果戈里之天才》封面　　缪尔赫波脱

正无需乎震骇一时的牺牲，不如深沉的韧性的战斗。

——《坟·娜拉走后怎样》

August

*8*月

Thursday

星期四

公历二〇二五年

农历乙巳年　蛇

七月　初六

《果戈里之天才》插画　　缪尔赫泼脱

最要紧的是改革国民性，否则，无论是专制，是共和，是什么什么，招牌虽换，货色照旧，全不行的。

——1925 年 3 月 31 日致许广平

August

8 **月**

Friday

星期五

29

公历二〇二五年

农历乙巳年 蛇

七月 初七

七夕节

《果戈里之天才》插画　　缪尔赫波脱

即使艰难，也还要做；愈艰难，就愈要做。改革，是向来没有一帆风顺的，冷笑家的赞成，是在见了成效之后……

——《且介亭杂文·中国语文的新生》

August
*8*月

Saturday
星期六

公历二〇二五年
农历乙巳年 蛇
七月 初八

拉拜莱《伽更界和潘塔里奥》封面　　缪尔赫泼脱

中国现在的人心中，不平和愤恨的分子太多了。不平还是改造的引线，但必须先改造了自己，再改造社会，改造世界；万不可单是不平。至于愤恨，却几乎全无用处。

——《热风·六十二　恨恨而死》

August

8月

Sunday

星期日

31

公历二〇二五年

农历乙巳年　蛇

七月　初九

9

九月

September

《伽更界和潘塔里奥》插画　　缪尔赫泼脱

现在的所谓教育，世界上无论那一国，其实都不过是制造许多适应环境的机器的方法罢了。要适如其分，发展各各的个性，这时候还未到来，也料不定将来究竟可有这样的时候。

——1925 年 3 月 18 日致许广平

September

9月

Monday

星期一

1

公历二〇二五年

农历乙巳年　蛇

七月　初十

《霍加斯像》插画　　保夫理诺夫

青年又何须寻那挂着金字招牌的导师呢？不如寻朋友，联合起来，同向着似乎可以生存的方向走。你们所多的是生力，遇见深林，可以辟成平地的，遇见旷野，可以栽种树木的，遇见沙漠，可以开掘井泉的。问什么荆棘塞途的老路，寻什么乌烟瘴气的鸟导师！

——《华盖集·导师》

September

9月

Tuesday

星期二

2

公历二〇二五年

农历乙巳年 蛇

七月 十一

《我的忏悔》插画　　麦绥莱勒

黑暗只能附丽于渐就灭亡的事物，一灭亡，黑暗也就一同灭亡了，它不永久。然而将来是永远要有的，并且总要光明起来；只要不做黑暗的附着物，为光明而灭亡，则我们一定有悠久的将来，而且一定是光明的将来。

——《华盖集续编·记谈话》

September

*9*月

Wednesday

星期三

七月 十二

农历乙巳年 蛇

公历二〇二五年

《我的忏悔》插画　　麦绥莱勒

要治这麻木状态的国度，只有一法，就是“韧”，也就是“锲而不舍”。逐渐的做一点，总不肯休，不至于比“轻于一掷”无效的。

——1925年4月14日致许广平

September

9月

Thursday

星期四

4

公历二〇二五年

农历乙巳年 蛇

七月 十三

《我的忏悔》插画　　麦绥莱勒

用玩笑来应付敌人，自然也是一种好战术，但触着之处，须是对手的致命伤，否则，玩笑终不过是一种单单的玩笑而已。

——《花边文学·玩笑只当它玩笑（上）》

September

9月

Friday

星期五

5

公历二〇二五年

农历乙巳年　蛇

七月　十四

《我的忏悔》插画　　麦绥莱勒

革命是痛苦，其中也必然混有污秽和血，决不是如诗人所想像的那般有趣，那般完美；革命尤其是现实的事，需要各种卑贱的，麻烦的工作，决不如诗人所想像的那般浪漫。

——《二心集·对于左翼作家联盟的意见》

September

9月

Saturday

星期六

6

公历二〇二五年

农历乙巳年 蛇

七月 十五

中元节

《我的忏悔》插画　　麦绥莱勒

人固然应该生存，但为的是进化；也不妨受苦，但为的是解除将来的一切苦；更应该战斗，但为的是改革。

——《花边文学·论秦理斋夫人事》

September

9月

Sunday

星期日

公历二〇二五年

农历乙巳年　蛇

七月　十六

白露

《我的忏悔》插画　麦绥莱勒

必须敢于正视，这才可望敢想，敢说，敢作，敢当。

——《坟·论睁了眼看》

September

9 月

Monday

星期一

8

公历二〇二五年

农历乙巳年 蛇

七月 十七

《我的忏悔》插画　　麦绥莱勒

天才并不是自生自长在深林荒野里的怪物，是由可以使天才生长的民众产生，长育出来的，所以没有这种民众，就没有天才。……所以我想，在要求天才的产生之前，应该先要求可以使天才生长的民众。——譬如想有乔木，想看好花，一定要有好土；没有土，便没有花木了；所以土实在较花木还重要。

——《坟·未有天才之前》

September

*9*月

Tuesday

星期二

9

公历二〇二五年

农历乙巳年　蛇

七月　十八

《我的忏悔》插画　　麦绥莱勒

有谁从小康人家而坠入困顿的么，我以为在这途路中，大概可以看见世人的真面目。

——《呐喊·自序》

September

9月

Wednesday

星期三

公历二〇二五年

农历乙巳年 蛇

七月 十九

教师节

《我的忏悔》插画　　麦绥莱勒

所谓回忆者，虽说可以使人欢欣，有时也不免使人寂寞，使精神的丝缕还牵着已逝的寂寞的时光，又有什么意味呢。

——《呐喊·自序》

September

*9*月

Thursday

星期四

公历二〇二五年

农历乙巳年　蛇

七月　二十

《我的忏悔》插画　　麦绥莱勒

我知道我自己，我解剖自己并不比解剖别人留情面。

——《而已集·答有恒先生》

September

*9*月

Friday

星期五

12

公历二〇二五年

农历乙巳年 蛇

七月 廿一

《我的忏悔》插画　　麦绥莱勒

在我生存时，曾经玩笑地设想：假使一个人的死亡，只是运动神经的废灭，而知觉还在，那就比全死了更可怕。谁知道我的预想竟的中了，我自己就在证实这预想。

——《野草·死后》

September

9月

Saturday

星期六

13

公历二〇二五年

农历乙巳年 蛇

七月 廿二

《我的忏悔》插画　　麦绥莱勒

凡对于以真话为笑话的，以笑话为真话的，以笑话为笑话的，只有一个方法：就是不说话。于是我从此不说话。

——《坟·说胡须》

September

9月

Sunday

星期日

公历二〇二五年

农历乙巳年 蛇

七月 廿三

《我的忏悔》插画　　麦绥莱勒

我先前的攻击社会，其实也是无聊的。社会没有知道我在攻击，倘一知道，我早已死无葬身之所了。

——《而已集·答有恒先生》

September

9月

Monday

星期一

公历二〇二五年

农历乙巳年 蛇

七月 廿四

《我的忏悔》插画　　麦绥莱勒

我愿意这样，朋友——我独自远行，不但没有你，并且再没有别的影在黑暗里。只有我被黑暗沉没，那世界全属于我自己。

——《野草·影的告别》

September

9月

Tuesday

星期二

16

公历二〇二五年

农历乙巳年 蛇

七月 廿五

《我的忏悔》插画　　麦绥莱勒

我早先岂不知我的青春已经逝去了？但以为身外的青春固在：星，月光，僵坠的胡蝶，暗中的花，猫头鹰的不祥之言，杜鹃的啼血，笑的渺茫，爱的翔舞……。虽然是悲凉漂渺的青春罢，然而究竟是青春。

——《野草·希望》

September

9月

Wednesday

星期三

公历二〇二五年

农历乙巳年　蛇

七月　廿六

《我的忏悔》插画　　麦绥莱勒

我自爱我的野草，但我憎恶这以野草装饰的地面。地火在地下运行，奔突；熔岩一旦喷出，将烧尽一切野草，以及乔木，于是并且无可朽腐。但我坦然，欣然。我将大笑，我将歌唱。

——《野草·题辞》

September

9月

Thursday

星期四

18

公历二〇二五年

农历乙巳年 蛇

七月 廿七

《我的忏悔》插画　　麦绥莱勒

我已决定不再彷徨，拳来拳对，刀来刀当，所以心里也很舒服了。

——《两地书·七十九》

September

*9*月

Friday

星期五

19

七月 廿八

农历乙巳年 蛇

公历二〇二五年

《我的忏悔》插画　　麦绥莱勒

异性，我是爱的，但我一向不敢，因为我自己明白各种缺点，深恐辱没了对手。

——1929年3月22日致韦素园

September

9月

Saturday

星期六

公历二〇二五年

农历乙巳年 蛇

七月 廿九

《我的忏悔》插画　　麦绥莱勒

我的心分外地寂寞。然而我的心很平安：没有爱憎，没有哀乐，也没有颜色和声音。

——《野草·希望》

September

*9*月

Sunday

星期日

公历二〇二五年

农历乙巳年 蛇

七月 三十

《我的忏悔》插画　　麦绥莱勒

熟识的墙壁，壁端的棱线，熟识的书堆，堆边的未订的画集，外面的进行着的夜，无穷的远方，无数的人们，都和我有关。我存在着，我在生活，我将生活下去，我开始觉得自己更切实了，我有动作的欲望——但不久我又坠入了睡眠。

——《且介亭杂文末编·“这也是生活”》

September

9月

Monday

星期一

22

公历二〇二五年

农历乙巳年　蛇

八月　初一

《我的忏悔》插画　　麦绥莱勒

我愿意真有所谓鬼魂，真有所谓地狱，那么，即使在孽风怒吼之中，我也将寻觅子君，当面说出我的悔恨和悲哀，祈求她的饶恕；否则，地狱的毒焰将围绕我，猛烈地烧尽我的悔恨和悲哀。

——《彷徨·伤逝》

September

9月

Tuesday

星期二

23

公历二〇二五年

农历乙巳年 蛇

八月 初二

秋分

《我的忏悔》插画　　麦绥莱勒

我常想在纷扰中寻出一点闲静来，然而委实不容易。目前是这么离奇，心里是这么芜杂。一个人做到只剩了回忆的时候，生涯大概总要算是无聊了罢，但有时竟会连回忆也没有。

——《朝花夕拾·小引》

September

9月

Wednesday

星期三

24

公历二〇二五年

农历乙巳年 蛇

八月 初三

《我的忏悔》插画　　麦绥莱勒

我大约也终于不见得为了小障碍而不走路，不过因为神经不好，所以容易说愤话。

——《两地书·七十九》

September

*9*月

Thursday

星期四

25

公历二〇二五年

农历乙巳年 蛇

八月 初四

鲁迅诞辰纪念日

《我的忏悔》插画　　麦绥莱勒

医学并非一件紧要事，凡是愚弱的国民，即使体格如何健全，如何茁壮，也只能做毫无意义的示众的材料和看客，病死多少是不必以为不幸的。所以我们的第一要著，是在改变他们的精神，而善于改变精神的是，我那时以为当然要推文艺，于是想提倡文艺运动了。

——《呐喊·自序》

September

9月

Friday

星期五

公历二〇二五年

农历乙巳年 蛇

八月 初五

《我的忏悔》插画　　麦绥莱勒

我不过一个影，要别你而沉没在黑暗里了。然而黑暗又会吞并我，然而光明又会使我消失。然而我不愿彷徨于明暗之间，我不如在黑暗里沉没。

——《野草·影的告别》

September

*9*月

Saturday

星期六

公历二〇二五年

农历乙巳年 蛇

八月 初六

《我的忏悔》插画　　麦绥莱勒

在我自己，本以为现在是已经并非一个切迫而不能已于言的人了，但或者也还未能忘怀于当日自己的寂寞的悲哀罢，所以有时候仍不免呐喊几声，聊以慰藉那在寂寞里奔驰的猛士，使他不惮于前驱。至于我的喊声是勇猛或是悲哀，是可憎或是可笑，那倒是不暇顾及的。

——《呐喊·自序》

September

*9*月

Sunday

星期日

公历二〇二五年

农历乙巳年 蛇

八月 初七

《我的忏悔》插画　　麦绥莱勒

新的生路还很多，我必须跨进去，因为我还活着。但我还不知道怎样跨出那第一步。有时，仿佛看见那生路就像一条灰白的长蛇，自己蜿蜒地向我奔来，我等着，等着，看看临近，但忽然便消失在黑暗里了。

——《彷徨·伤逝》

September

9月

Monday

星期一

29

公历二〇二五年

农历乙巳年 蛇

八月 初八

《我的忏悔》插画　　麦绥莱勒

我因为常见些但愿不如所料，以为未毕竟如所料的事，却每每恰如所料的起来，所以很恐怕这事也一律。

——《彷徨·祝福》

September

9月

Tuesday

星期二

公历二〇二五年

农历乙巳年 蛇

八月 初九

10

十月

October

《我的忏悔》插画　　麦绥莱勒

我愿意只是黑暗，或者会消失于你的白天；我愿意只是虚空，决不占你的心地。

——《野草·影的告别》

October

10月

Wednesday

星期三

公历二〇二五年

农历乙巳年 蛇

八月 初十

国庆节

《我的忏悔》插画　　麦绥莱勒

你看我们那时豫想的事可有一件如意？我现在什么也不知道，连明天怎样也不知道，……

——《彷徨·在酒楼上》

October

10月

Thursday

星期四

公历二〇二五年

农历乙巳年 蛇

八月 十一

《我的忏悔》插画　　麦绥莱勒

我就怕我未熟的果实偏偏毒死了偏爱我的果实的人，而憎恨我的东西如所谓正人君子也者偏偏都矍铄。

——《坟·写在〈坟〉后面》

October

10月

Friday

星期五

公历二〇二五年

农历乙巳年 蛇

八月 十二

《我的忏悔》插画　　麦绥莱勒

我的可恶有时自己也觉得，即如我的戒酒，吃鱼肝油，以望延长我的生命，倒不尽是为了我的爱人，大大半乃是为了我的敌人，——给他们说得体面一点，就是敌人罢——要在他的好世界上多留一些缺陷。

——《坟·题记》

October

10月

Saturday

星期六

4

公历二〇二五年

农历乙巳年 蛇

八月 十三

《我的忏悔》插画　　麦绥莱勒

然而我虽然自有无端的悲哀，却也并不愤懑，因为这经验使我反省，看见自己了：就是我决不是一个振臂一呼应者云集的英雄。

——《呐喊·自序》

October

10月

Sunday

星期日

5

公历二〇二五年

农历乙巳年　蛇

八月　十四

《我的忏悔》插画　　麦绥莱勒

我要向着新的生路跨进第一步去，我要将真实深深地藏在心的创伤中，默默地前行，用遗忘和说谎做我的前导……

——《彷徨·伤逝》

October

10月

Monday

星期一

6

公历二〇二五年

农历乙巳年 蛇

八月 十五

中秋节

《我的忏悔》插画　　麦绥莱勒

总觉得我也许有病，神经过敏，所以凡看一件事，虽然对方说是全都打开了，而我往往还以为必有什么东西在手巾或袖子里藏着。但又往往不幸而中，岂不哀哉。

——1928 年 8 月 15 日致章廷谦

October

10月

Tuesday

星期二

7

公历二〇二五年

农历乙巳年 蛇

八月 十六

《我的忏悔》插画　　麦绥莱勒

我本来也无可尊敬；也不愿受人尊敬，免得不如人意的时候，又被人摔下来。

——《华盖集·我的“籍”和“系”》

October

10月

Wednesday

星期三

8

公历二〇二五年

农历乙巳年 蛇

八月 十七

寒露

《我的忏悔》插画　　麦绥莱勒

这以前，我的心也曾充满过血腥的歌声：血和铁，火焰和毒，恢复和报仇。而忽而这些都空虚了，但有时故意地填以没奈何的自欺的希望。希望，希望，用这希望的盾，抗拒那空虚中的暗夜的袭来，虽然盾后面也依然是空虚中的暗夜。

——《野草·希望》

October

10月

Thursday

星期四

9

八月 十八

农历乙巳年 蛇

公历二〇二五年

《我的忏悔》插画　　麦绥莱勒

我快步走着，仿佛要从一种沉重的东西中冲出，但是不能够。耳朵中有什么挣扎着，久之，久之，终于挣扎出来了，隐约像是长嗥，像一匹受伤的狼，当深夜在旷野中嗥叫，惨伤里夹杂着愤怒和悲哀。

——《彷徨·孤独者》

October

10月

Friday

星期五

10

公历二〇二五年

农历乙巳年 蛇

八月 十九

《我的忏悔》插画　　麦绥莱勒

我其实还敢站在前线上，但发见当面称为“同道”的暗中将我作傀儡或从背后枪击我，却比被敌人所伤更其悲哀。我的生命，碎割在给人改稿子，看稿子，编书，校字，陪坐这些事情上者，已经很不少，而有些人因此竟以主子自居，稍不合意，就责难纷起，我此后颇想不再蹈这覆辙了。

——《两地书·七十一》

October

10月

Saturday

星期六

公历二〇二五年

农历乙巳年　蛇

八月　二十

《我的忏悔》插画　　麦绥莱勒

有一游魂，化为长蛇，口有毒牙。不以啮人，自啮其身，终以殒颠……。

——《野草·墓碣文》

October

*10*月

Sunday

星期日

公历二〇二五年

农历乙巳年　蛇

八月　廿一

《我的忏悔》插画　　麦绥莱勒

彷徨于明暗之间，我不知道是黄昏还是黎明。我姑且举灰黑的手装作喝干一杯酒，我将在不知道时候的时候独自远行。

——《野草·影的告别》

October

10月

Monday

星期一

公历二〇二五年

农历乙巳年　蛇

八月　廿二

《我的忏悔》插画　　麦绥莱勒

我似乎打了一个寒噤；我就知道，我们之间已经隔了一层可悲的厚障壁了。

——《呐喊·故乡》

October

10月

Tuesday

星期二

14

八月 廿三

农历乙巳年 蛇

公历二〇二五年

《我的忏悔》插画　　麦绥莱勒

寄意寒星荃不察，我以我血荐轩辕。

——《集外集拾遗·自题小像》

October

10 **月**

Wednesday

星期三

公历二〇二五年

农历乙巳年　蛇

八月　廿四

《我的忏悔》插画　麦绥莱勒

心事浩茫连广宇，于无声处听惊雷。

——《集外集拾遗·无题（万家墨面没蒿莱）》

October

*10*月

Thursday

星期四

16

公历二〇二五年

农历乙巳年 蛇

八月 廿五

《我的忏悔》插画　　麦绥莱勒

度尽劫波兄弟在，相逢一笑泯恩仇。

——《集外集·题三义塔》

October

10月

Friday

星期五

17

公历二〇二五年

农历乙巳年 蛇

八月 廿六

《我的忏悔》插画　　麦绥莱勒

无情未必真豪杰，怜子如何不丈夫。

——《集外集拾遗·答客诮》

October

10月

Saturday

星期六

18

公历二〇二五年

农历乙巳年　蛇

八月　廿七

《我的忏悔》插画　　麦绥莱勒

寂寞新文苑，平安旧战场。两间余一卒，荷戟独彷徨。

——《集外集·题〈彷徨〉》

October

*10*月

Sunday

星期日

19

公历二〇二五年

农历乙巳年 蛇

八月 廿八

鲁迅逝世纪念日

《我的忏悔》插画　　麦绥莱勒

岂有豪情似旧时，花开花落两由之。

——《鲁迅·悼杨铨》

October

10月

Monday

星期一

公历二〇二五年

农历乙巳年　蛇

八月　廿九

《我的忏悔》插画　　麦绥莱勒

倘有陌生的声音叫你的名字，你万不可答应他。

——《朝花夕拾·从百草园到三味书屋》

October

10月

Tuesday

星期二

公历二〇二五年

农历乙巳年 蛇

九月 初一

《我的忏悔》插画　麦绥莱勒

我先前何尝不出于自愿，在生活的路上，将血一滴一滴地滴过去，以饲别人，虽自觉渐渐瘦弱，也以为快活。而现在呢，人们笑我瘦弱了，连饮过我的血的人，也来嘲笑我的瘦弱了。

——《两地书·九十五》

October

10月

Wednesday

星期三

公历二〇二五年

农历乙巳年　蛇

九月　初二

《我的忏悔》插画　　麦绥莱勒

有我所不乐意的在天堂里，我不愿去；有我所不乐意的在地狱里，我不愿去；有我所不乐意的在你们将来的黄金世界里，我不愿去。然而你就是我所不乐意的。

——《野草·影的告别》

October

10月

Thursday

星期四

公历二〇二五年

农历乙巳年 蛇

九月 初三

霜降

《我的忏悔》插画　　麦绥莱勒

女人的天性中有母性，有女儿性；无妻性。妻性是逼成的，只是母性和女儿性的混合。

——《而已集·小杂感》

October

10 月

Friday

星期五

公历二〇二五年

农历乙巳年 蛇

九月 初四

《我的忏悔》插画　　麦绥莱勒

孔子曰：“唯女子与小人为难养也，近之则不逊，远之则怨。”女子与小人归在一类里，但不知道是否也包括了他的母亲。后来的道学先生们，对于母亲，表面上总算是敬重的了，然而虽然如此，中国的为母的女性，还受着自己儿子以外的一切男性的轻蔑。

——《南腔北调集·关于妇女解放》

October

10月

Saturday

星期六

九月 初五

农历乙巳年 蛇

公历二〇二五年

《我的忏悔》插画　　麦绥莱勒

我一向不相信昭君出塞会安汉，木兰从军就可以保隋；也不信妲己亡殷，西施沼吴，杨妃乱唐的那些古老话。我以为在男权社会里，女人是决不会有这种大力量的，兴亡的责任，都应该男的负。但向来的男性的作者，大抵将败亡的大罪，推在女性身上，这真是一钱不值的没有出息的男人。

——《且介亭杂文·阿金》

October

10月

Sunday

星期日

公历二〇二五年

农历乙巳年 蛇

九月 初六

《我的忏悔》插画　　麦绥莱勒

与其说“女人讲谎话要比男人来得多”，不如说“女人被人指为‘讲谎话要比男人来得多’的时候来得多”。

——《花边文学·女人未必多说谎》

October

10月

Monday

星期一

公历二〇二五年

农历乙巳年　蛇

九月　初七

《我的忏悔》插画　　麦绥莱勒

父母对于子女，应该健全的产生，尽力的教育，完全的解放。

——《坟·我们现在怎样做父亲》

October

10月

Tuesday

星期二

28

九月 初八

农历乙巳年 蛇

公历二〇二五年

《我的忏悔》插画　　麦绥莱勒

不但不该责幼者供奉自己；而且还须用全副精神，专为他们自己，养成他们有耐劳作的体力，纯洁高尚的道德，广博自由能容纳新潮流的精神，也就是能在世界新潮流中游泳，不被淹没的力量。

——《坟·我们现在怎样做父亲》

October

10月

Wednesday

星期三

29

公历二〇二五年

农历乙巳年 蛇

九月 初九

重阳节

《我的忏悔》插画　　麦绥莱勒

自己背着因袭的重担，肩住了黑暗的闸门，放他们到宽阔光明的地方去；此后幸福的度日，合理的做人。

——《坟·我们现在怎样做父亲》

October

10 月

Thursday

星期四

30

公历二〇二五年

农历乙巳年 蛇

九月 初十

《我的忏悔》插画　　麦绥莱勒

“爸爸”和前辈的话，固然也要听的，但也须说得有道理。

——《且介亭杂文·从孩子的照相说起》

October

*10*月

Friday

星期五

31

公历二〇二五年

农历乙巳年 蛇

九月 十一

十一月 November

《我的忏悔》插画　　麦绥莱勒

其实即使天才，在生下来的时候的第一声啼哭，也和平常的儿童的一样，决不会就是一首好诗。

——《坟·未有天才之前》

November

*11*月

Saturday

星期六

公历二〇二五年

农历乙巳年 蛇

九月 十二

《我的忏悔》插画　　麦绥莱勒

生了孩子，还要想怎样教育，才能使这生下来的孩子，将来成一个完全的人。

——《热风·随感录二十五》

November

*11*月

Sunday

星期日

公历二〇二五年

农历乙巳年 蛇

九月 十三

《我的忏悔》插画　　麦绥莱勒

儿童的行为，出于天性，也因环境而改变，所以孔融会让梨。

——《花边文学·漫骂》

November

11 月

Monday

星期一

3

公历二〇二五年

农历乙巳年　蛇

九月　十四

《我的忏悔》插画　　麦绥莱勒

我以为就是圣贤豪杰，也不必自惭他的童年；自惭，倒是一个错误。

——《且介亭杂文二集·〈中国新文学大系〉小说二集序》

November

*11*月

Tuesday

星期二

4

公历二〇二五年

农历乙巳年 蛇

九月 十五

《我的忏悔》插画　　麦绥莱勒

幼稚对于老成，有如孩子对于老人，决没有什么耻辱；作品也一样，起初幼稚，不算耻辱的。因为倘不遭了戕贼，他就会生长，成熟，老成；独有老衰和腐败，倒是无药可救的事！

——《坟·未有天才之前》

November

11 **月**

Wednesday

星期三

公历二〇二五年

农历乙巳年 蛇

九月 十六

《我的忏悔》插画　　麦绥莱勒

游戏是儿童最正当的行为，玩具是儿童的天使。

——《野草·风筝》

November

11 月

Thursday

星期四

6

公历二〇二五年

农历乙巳年　蛇

九月　十七

《我的忏悔》插画　　麦绥莱勒

孩子是可以敬服的，他常常想到星月以上的境界，想到地面下的情形，想到花卉的用处，想到昆虫的言语；他想飞上天空，他想潜入蚁穴……所以给儿童看的图书就必须十分慎重，做起来也十分烦难。

——《且介亭杂文·〈看图识字〉》

November

11月

Friday

星期五

7

公历二〇二五年

农历乙巳年 蛇

九月 十八

立冬

《我的忏悔》插画　　麦绥莱勒

凡一个人，即使到了中年以至暮年，倘一和孩子接近，便会踏进久经忘却了的孩子世界的边疆去，想到月亮怎么会跟着人走，星星究竟是怎么嵌在天空中。但孩子在他的世界里，是好像鱼之在水，游泳自如，忘其所以的，成人却有如人的凫水一样，虽然也觉到水的柔滑和清凉，不过总不免吃力，为难，非上陆不可了。

——《且介亭杂文·〈看图识字〉》

November

11月

Saturday

星期六

8

公历二〇二五年

农历乙巳年　蛇

九月　十九

中国记者节

《我的忏悔》插画　　麦绥莱勒

我向来的意见，是以为倘有慈母，或是幸福，然若生而失母，却也并非完全的不幸，他也许倒成为更加勇猛，更无挂碍的男儿的。

——《伪自由书·前记》

November

*11*月

Sunday

星期日

9

公历二〇二五年

农历乙巳年 蛇

九月 二十

《我的忏悔》插画　　麦绥莱勒

中国相传的成法，谬误很多：一种是锢闭，以为可以与社会隔离，不受影响。一种是教给他恶本领，以为如此才能在社会中生活。

——《坟·我们现在怎样做父亲》

November

11月

Monday

星期一

10

公历二〇二五年

农历乙巳年 蛇

九月 廿一

《我的忏悔》插画　　麦绥莱勒

无论忤逆，无论孝顺，小孩子多不愿意“诈”作，听故事也不喜欢是谣言，这是凡有稍稍留心儿童心理的都知道的。

——《朝花夕拾·〈二十四孝图〉》

November

11月

Tuesday

星期二

公历二〇二五年

农历乙巳年 蛇

九月 廿二

《我的忏悔》插画　　麦绥莱勒

要做解放子女的父母，也应预备一种能力。便是自己虽然已经带着过去的色采，却不失独立的本领和精神，有广博的趣味，高尚的娱乐。

——《坟·我们现在怎样做父亲》

November

11月

Wednesday

星期三

12

公历二〇二五年

农历乙巳年 蛇

九月 廿三

《我的忏悔》插画　　麦绥莱勒

只要思想未遭锢蔽的人，谁也喜欢子女比自己更强，更健康，更聪明高尚，——更幸福；就是超越了自己，超越了过去。

——《坟·我们现在怎样做父亲》

November

*11*月

Thursday

星期四

13

公历二〇二五年

农历乙巳年 蛇

九月 廿四

《我的忏悔》插画　　麦绥莱勒

子女是即我非我的人，但既已分立，也便是人类中的人。因为即我，所以更应该尽教育的义务，交给他们自立的能力；因为非我，所以也应同时解放，全部为他们自己所有，成一个独立的人。

——《坟·我们现在怎样做父亲》

November

11 **月**

Friday

星期五

14

公历二〇二五年

农历乙巳年 蛇

九月 廿五

《我的忏悔》插画　　麦绥莱勒

倘有人作一部历史，将中国历来教育儿童的方法，用书，作一个明确的记录，给人明白我们的古人以至我们，是怎样的被熏陶下来的，则其功德，当不在禹（虽然他也许不过是一条虫）下。

——《准风月谈·我们怎样教育儿童的?》

November

11月

Saturday

星期六

15

公历二〇二五年

农历乙巳年 蛇

九月 廿六

《我的忏悔》插画　　麦绥莱勒

我们自动的读书，即嗜好的读书，请教别人是大抵无用，只好先行泛览，然后决择而入于自己所爱的较专的一门或几门；但专读书也有弊病，所以必须和实社会接触，使所读的书活起来。

——《而已集·读书杂谈》

November

11月

Sunday

星期日

16

公历二〇二五年

农历乙巳年 蛇

九月 廿七

《我的忏悔》插画　　麦绥莱勒

世间最不行的是读书者。因为他只能看别人的思想艺术，不用自己。……较好的是思索者。因为能用自己的生活力了，但还不免是空想，所以更好的是观察者，他用自己的眼睛去读世间这一部活书。这是的确的，实地经验总比看，听，空想确凿。

——《而已集·读书杂谈》

November

11 月

Monday

星期一

公历二〇二五年

农历乙巳年 蛇

九月 廿八

《我的忏悔》插画　　麦绥莱勒

读死书会变成书呆子，甚至于成为书厨……读死书是害己，一开口就害人；但不读书也并不见得好。

——《花边文学·读几本书》

November

11 月

Tuesday

星期二

九月 廿九

农历乙巳年 蛇

公历二〇二五年

《我的忏悔》插画　　麦绥莱勒

专看文学书，也不好的。先前的文学青年，往往厌恶数学，理化，史地，生物学，以为这些都无足重轻，后来变成连常识也没有，研究文学固然不明白，自己做起文章来也胡涂，所以我希望你们不要放开科学，一味钻在文学里。

——1936 年 4 月 15 日致颜黎民

November

11月

Wednesday

星期三

19

公历二〇二五年

农历乙巳年　蛇

九月　三十

《我的忏悔》插画　　麦绥莱勒

有关本业的东西，是无论怎样节衣缩食也应该购买的，试看绿林强盗，怎样不惜钱财以买盒子炮，就可知道。

——1936 年 7 月 7 日致赵家璧

November

*11*月

Thursday

星期四

公历二〇二五年

农历乙巳年 蛇

十月 初一

寒衣节

《我的忏悔》插画　　麦绥莱勒

现在的青年最要紧的是“行”，不是“言”。只要是活人，不能作文算什么大不了的事。

——《华盖集·青年必读书》

November

*11*月

Friday

星期五

21

公历二〇二五年

农历乙巳年 蛇

十月 初二

《我的忏悔》插画　　麦绥莱勒

要弄文学，应该看什么书？这实在是一个极难回答的问题。先前也曾有几位先生给青年开过一大篇书目。但从我看来，这是没有什么用处的，因为我觉得那都是开书目的先生自己想要看或者未必想要看的书目。

——《而已集·读书杂谈》

November

11月

Saturday

星期六

公历二〇二五年

农历乙巳年 蛇

十月 初三

小雪

《我的忏悔》插画　　麦绥莱勒

要估定人的伟大，则精神上的大和体格上的大，那法则完全相反。后者距离愈远即愈小，前者却见得愈大。

——《华盖集·战士和苍蝇》

November

11月

Sunday

星期日

23

公历二〇二五年

农历乙巳年 蛇

十月 初四

《我的忏悔》插画　　麦绥莱勒

成语和死古典又不同，多是现世相的神髓，随手拈掇，自然使文字分外精神，又即从成语中，另外抽出思绪：既然从世相的种子出，开的也一定是世相的花。

——《集外集拾遗·〈何典〉题记》

November

*11*月

Monday

星期一

24

公历二〇二五年

农历乙巳年 蛇

十月 初五

《我的忏悔》插画　　麦绥莱勒

还有一样最能引读者入于迷途的，是“摘句”。它往往是衣裳上撕下来的一块绣花，经摘取者一吹嘘或附会，说是怎样超然物外，与尘浊无干，读者没有见过全体，便也被他弄得迷离惝恍。

——《且介亭杂文二集·“题未定”草（六至九）》

November

11月

Tuesday

星期二

公历二〇二五年

农历乙巳年 蛇

十月 初六

《我的忏悔》插画　　麦绥莱勒

谚语固然好像一时代一国民的意思的结晶，但其实，却不过是一部分的人们的意思。

——《南腔北调集·谚语》

November

11月

Wednesday

星期三

26

公历二〇二五年

农历乙巳年 蛇

十月 初七

《我的忏悔》插画　　麦绥莱勒

《红楼梦》是中国许多人所知道，至少，是知道这名目的书。谁是作者和续者姑且勿论，单是命意，就因读者的眼光而有种种：经学家看见《易》，道学家看见淫，才子看见缠绵，革命家看见排满，流言家看见宫闱秘事……

——《集外集拾遗补编·〈绛洞花主〉小引》

November

11 月

Thursday

星期四

27

公历二〇二五年

农历乙巳年 蛇

十月 初八

《我的忏悔》插画　　麦绥莱勒

纵令不过一洼浅水，也可以学学大海；横竖都是水，可以相通。

——《热风·随感录　四十一》

November

*11*月

Friday

星期五

28

公历二〇二五年

农历乙巳年　蛇

十月　初九

《我的忏悔》插画　　麦绥莱勒

写什么是一个问题，怎么写又是一个问题。

——《三闲集·怎么写（夜记之一）》

November

*11*月

Saturday

星期六

公历二〇二五年

农历乙巳年 蛇

十月 初十

《我的忏悔》插画　　麦绥莱勒

一个作者，“自卑”固然不好，“自负”也不好的，容易停滞。我想，顶好是不要自馁，总是干；但也不可自满，仍旧总是用功。要不然，输出多而输入少，后来要空虚的。

——1935 年 4 月 12 日致萧军

November

11 月

Sunday

星期日

30

公历二〇二五年

农历乙巳年 蛇

十月 十一

12

十二月 December

《我的忏悔》插画　　麦绥莱勒

文章应该怎样做，我说不出来，因为自己的作文，是由于多看和练习，此外并无心得或方法的。

——1935 年 6 月 29 日致赖少麒

December

12月

Monday

星期一

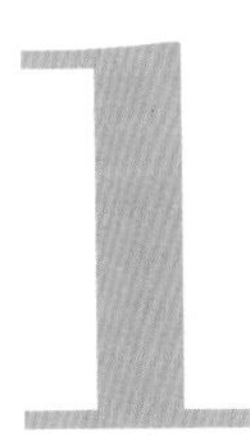

公历二〇二五年

农历乙巳年　蛇

十月　十二

《我的忏悔》插画　　麦绥莱勒

弄文学的人，只要（一）坚忍，（二）认真，（三）韧长，就可以了。不必因为有人改变，就悲观的。

——1933 年 10 月 7 日致胡今虚

December

12月

Tuesday

星期二

2

公历二〇二五年

农历乙巳年 蛇

十月 十三

《我的忏悔》插画　　麦绥莱勒

油滑是创作的大敌。

——《故事新编·序言》

December

12月

Wednesday

星期三

公历二〇二五年

农历乙巳年　蛇

十月　十四

《我的忏悔》插画　　麦绥莱勒

普遍，永久，完全，这三件宝贝，自然是了不得的，不过也是作家的棺材钉，会将他钉死。

——《且介亭杂文·答〈戏〉周刊编者信》

December

12月

Thursday

星期四

公历二〇二五年

农历乙巳年 蛇

十月 十五

下元节

《我的忏悔》插画　　麦绥莱勒

写不出的时候不硬写。

——《二心集·答北斗杂志社问》

December

12月

Friday

星期五

5

公历二〇二五年

农历乙巳年 蛇

十月 十六

《我的忏悔》插画　　麦绥莱勒

写完后至少看两遍，竭力将可有可无的字，句，段删去，毫不可惜。

——《二心集·答北斗杂志社问》

December

12月

Saturday

星期六

公历二〇二五年

农历乙巳年 蛇

十月 十七

《我的忏悔》插画　　麦绥莱勒

我做完之后，总要看两遍，自己觉得拗口的，就增删几个字，一定要它读得顺口；没有相宜的白话，宁可引古语，希望总有人会懂，只有自己懂得或连自己也不懂的生造出来的字句，是不大用的。

——《南腔北调集·我怎么做起小说来》

December

12月

Sunday

星期日

公历二〇二五年

农历乙巳年 蛇

十月 十八

大雪

《我的忏悔》插画　　麦绥莱勒

“白描”却并没有秘诀。如果要说有，也不过是和障眼法反一调：有真意，去粉饰，少做作，勿卖弄而已。

——《南腔北调集·作文秘诀》

December

12月

Monday

星期一

8

公历二〇二五年

农历乙巳年 蛇

十月 十九

《我的忏悔》插画　　麦绥莱勒

人说，讽刺和冷嘲只隔一张纸，我以为有趣和肉麻也一样。

——《朝花夕拾·后记》

December

12 **月**

Tuesday

星期二

公历二〇二五年

农历乙巳年 蛇

十月 二十

《我的忏悔》插画　　麦绥莱勒

所写的事迹，大抵有一点见过或听到过的缘由，但决不全用这事实，只是采取一端，加以改造，或生发开去，到足以几乎完全发表我的意思为止。人物的模特儿也一样，没有专用过一个人，往往嘴在浙江，脸在北京，衣服在山西，是一个拼凑起来的脚色。

——《南腔北调集·我怎么做起小说来》

December

12月

Wednesday

星期三

公历二〇二五年

农历乙巳年 蛇

十月 廿一

《我的忏悔》插画　　麦绥莱勒

作者写出创作来，对于其中的事情，虽然不必亲历过，最好是经历过。

——《且介亭杂文二集·叶紫作〈丰收〉序》

December

12月

Thursday

星期四

公历二〇二五年

农历乙巳年　蛇

十月　廿二

《我的忏悔》插画　　麦绥莱勒

散文的体裁，其实是大可以随便的，有破绽也不妨。做作的写信和日记，恐怕也还不免有破绽，而一有破绽，便破灭到不可收拾了。与其防破绽，不如忘破绽。

——《三闲集·怎么写（夜记之一）》

December

12月

Friday

星期五

12

公历二〇二五年

农历乙巳年　蛇

十月　廿三

《我的忏悔》插画　　麦绥莱勒

生存的小品文，必须是匕首，是投枪，能和读者一同杀出一条生存的血路的东西；但自然，它也能给人愉快和休息，然而这并不是“小摆设”，更不是抚慰和麻痹，它给人的愉快和休息是休养，是劳作和战斗之前的准备。

——《南腔北调集·小品文的危机》

December

12月

Saturday

星期六

13

公历二〇二五年

农历乙巳年　蛇

十月　廿四

《我的忏悔》插画　　麦绥莱勒

悲剧将人生的有价值的东西毁灭给人看，喜剧将那无价值的撕破给人看。

——《坟·再论雷峰塔的倒掉》

December

12月

Sunday

星期日

公历二〇二五年

农历乙巳年　蛇

十月　廿五

《我的忏悔》插画　　麦绥莱勒

不过选材要严，开掘要深，不可将一点琐屑的没有意思的事故，便填成一篇，以创作丰富自乐。

——《二心集·关于小说题材的通信（并Y及T来信）》

December

12月

Monday

星期一

十月 廿六

农历乙巳年 蛇

公历二〇二五年

《我的忏悔》插画　　麦绥莱勒

要极省俭的画出一个人的特点，最好是画他的眼睛。

——《南腔北调集·我怎么做起小说来》

December

12月

Tuesday

星期二

16

公历二〇二五年

农历乙巳年 蛇

十月 廿七

《我的忏悔》插画　　麦绥莱勒

描神画鬼，毫无对证，本可以专靠了神思，所谓“天马行空”似的挥写了，然而他们写出来的，也不过是三只眼，长颈子，就是在常见的人体上，增加了眼睛一只，增长了颈子二三尺而已。

——《且介亭杂文二集·叶紫作〈丰收〉序》

December

12月

Wednesday

星期三

十月 廿八

农历乙巳年 蛇

公历二〇二五年

《我的忏悔》插画　　麦绥莱勒

没有冲破一切传统思想和手法的闯将，中国是不会有真的新文艺的。

——《坟·论睁了眼看》

December

12月

18

Thursday

星期四

公历二〇二五年

农历乙巳年 蛇

十月 廿九

《我的忏悔》插画　　麦绥莱勒

现在的文学也一样，有地方色彩的，倒容易成为世界的，即为别国所注意。

——1934 年 4 月 19 日致陈烟桥

December

12月

Friday

星期五

公历二〇二五年

农历乙巳年 蛇

十月 三十

《我的忏悔》插画　　麦绥莱勒

我给那些因为在近旁而极响的爆竹声惊醒，看见豆一般大的黄色的灯火光，接着又听得毕毕剥剥的鞭炮，是四叔家正在“祝福”了；知道已是五更将近时候。我在蒙胧中，又隐约听到远处的爆竹声联绵不断，似乎合成一天音响的浓云，夹着团团飞舞的雪花，拥抱了全市镇。我在这繁响的拥抱中，也懒散而且舒适，从白天以至初夜的疑虑，全给祝福的空气一扫而空了，只觉得天地圣众歆享了牲醴和香烟，都醉醺醺的在空中蹒跚，豫备给鲁镇的人们以无限的幸福。

——《彷徨·祝福》

December

12月

Saturday

星期六

公历二〇二五年

农历乙巳年 蛇

十一月 初一

《我的忏悔》插画　　麦绥莱勒

旧历的年底毕竟最像年底，村镇上不必说，就在天空中也显出将到新年的气象来。灰白色的沉重的晚云中间时时发出闪光，接着一声钝响，是送灶的爆竹；近处燃放的可就更强烈了，震耳的大音还没有息，空气里已经散满了幽微的火药香。

——《彷徨·祝福》

December

12月

Sunday

星期日

21

公历二〇二五年

农历乙巳年 蛇

十一月 初二

冬至

《我的忏悔》插画　　麦绥莱勒

孔乙己便涨红了脸，额上的青筋条条绽出，争辩道，“窃书不能算偷……窃书！……读书人的事，能算偷么？”

——《彷徨·孔乙己》

December

12月

Monday

星期一

公历二〇二五年

农历乙巳年 蛇

十一月 初三

《我的忏悔》插画　　麦绥莱勒

只有他的照相至今还挂在我北京寓居的东墙上，书桌对面。每当夜间疲倦，正想偷懒时，仰面在灯光中瞥见他黑瘦的面貌，似乎正要说出抑扬顿挫的话来，便使我忽又良心发现，而且增加勇气了，于是点上一枝烟，再继续写些为“正人君子”之流所深恶痛疾的文字。

——《朝花夕拾·藤野先生》

December

12月

Tuesday

星期二

公历二〇二五年

农历乙巳年 蛇

十一月 初四

《我的忏悔》插画　　麦绥莱勒

幻想飞得太高，堕在现实上的时候，伤就格外沉重了；力气用得太骤，歇下来的时候，身体就难于动弹了。

——《华盖集·补白》

December

12月

Wednesday

星期三

公历二〇二五年

农历乙巳年 蛇

十一月 初五

《我的忏悔》插画　　麦绥莱勒

文学的修养，决不能使人变成木石，所以文人还是人，既然还是人，他心里就仍然有是非，有爱憎；但又因为是文人，他的是非就愈分明，爱憎也愈热烈。

——《且介亭杂文二集·再论“文人相轻”》

December

12月

Thursday

星期四

公历二〇二五年

农历乙巳年 蛇

十一月 初六

《我的忏悔》插画　　麦绥莱勒

人类最好是彼此不隔膜，相关心。然而最平正的道路，却只有用文艺来沟通，可惜走这条道路的人又少得很。

——《且介亭杂文末编·〈呐喊〉捷克译本序》

December

*12*月

Friday

星期五

公历二〇二五年

农历乙巳年 蛇

十一月 初七

《我的忏悔》插画　　麦绥莱勒

还是站在沙漠上，看看飞沙走石，乐则大笑，悲则大叫，愤则大骂，即使被沙砾打得遍身粗糙，头破血流，而时时抚摩自己的凝血，觉得若有花纹，也未必不及跟着中国的文士们去陪莎士比亚吃黄油面包之有趣。

——《华盖集·题记》

December

12月

Saturday

星期六

27

公历二〇二五年

农历乙巳年 蛇

十一月 初八

《我的忏悔》插画　　麦绥莱勒

选本所显示的，往往并非作者的特色，倒是选者的眼光。眼光愈锐利，见识愈深广，选本固然愈准确，但可惜的是大抵眼光如豆，抹杀了作者真相的居多，这才是一个“文人浩劫”。

——《且介亭杂文二集·“题未定”草（六）》

December

12月

Sunday

星期日

28

公历二〇二五年

农历乙巳年 蛇

十一月 初九

《我的忏悔》插画　　麦绥莱勒

人感到寂寞时，会创作；一感到干净时，即无创作，他已经一无所爱。创作总根于爱。

——《而已集·小杂感》

December

12月

Monday

星期一

29

公历二〇二五年

农历乙巳年　蛇

十一月　初十

《我的忏悔》插画　　麦绥莱勒

当我沉默着的时候，我觉得充实；我将开口，同时感到空虚。

——《野草·题辞》

December

12月

Tuesday

星期二

公历二〇二五年

农历乙巳年　蛇

十一月　十一

二九天

《我的忏悔》插画　　麦绥莱勒

躲进小楼成一统，管它冬夏与春秋。

——《集外集·自嘲》

December

*12*月

Wednesday

星期三

31

公历二〇二五年

农历乙巳年　蛇

十一月　十二

我实在没有说过这样一句话。

——1932 年 12 月 13 日致台静农

鲁迅生平大事年表

1881 年　1 岁*

9 月 25 日，生于浙江省绍兴府城内东昌坊口。姓周，名樟寿，字豫才，曾用名樟寿。

1887 年　7 岁

入私塾读书，师从玉田先生，开始诵读《鉴略》。

1892 年　12 岁

正月，入私塾三味书屋，师从寿镜吾先生。

1898 年　18 岁

5 月，前往南京，考入江南水师学堂。

1899 年　19 岁

本年在江南陆师学堂下属的矿路学堂学习。

1902 年　22 岁

1 月，从矿路学堂毕业。4 月，去日本留学，入东京弘文学院学习日语，结业后到仙台医学专门学校学医。

1906 年　26 岁

3 月，离开仙台医学专门学校回到东京从事文学活动，希望用文学改变国民精神。夏秋间回家，与朱安结婚。随后，再赴日本，在东京学习研究文艺。

1908 年　28 岁

师从章太炎先生，加入“光复会”，并与二弟周作人译国外小说。

1909 年　29 岁

8 月，回国，在浙江两级师范学堂任生理学和化学教师。

* 学术界对鲁迅的年龄一般采用虚岁计算。

1910 年　30 岁

9 月，在绍兴中学担任教师和监学两个职位。

1911 年　31 岁

11、12 月间，任浙江山会初级师范学堂监督。冬，试作小说《怀旧》，发表于《小说月报》第四卷第一号。

1912 年　32 岁

1 月 1 日，中华民国临时政府成立于南京，应教育总长蔡元培之邀，任教育部部员。5 月，到达北京。8 月，被任命为教育部佥事及教育部社会教育司第一科科长。

1914 年　34 岁

研究佛经。

1915 年　35 岁

写成《会稽郡故书杂集》，刻《百喻经》，并搜集研究金石拓本。

1917 年　37 岁

7 月初，因张勋复辟，愤而离职。

1918 年　38 岁

首次以“鲁迅”为笔名，发表中国现代文学史上第一篇白话小说《狂人日记》。

1919 年　39 岁

4 月 15 日，发表小说《孔乙己》。

1920 年　40 岁

10 月，译俄国阿尔志跋绥夫的小说《工人绥惠略夫》。秋季，北京大学中国文学系主任马裕藻代表学校聘请鲁迅担任兼课讲师。

1922 年　42 岁

5 月，译成俄国爱罗先珂的童话剧《桃色的云》。兼任北京大学、北京高等师范学校讲师。

1923年　43岁

9月，小说集《呐喊》印成。12月，《中国小说史略》上卷印成。秋起，兼任北京大学、国立北京师范大学校、北京女子高等师范学校及世界语专门学校讲师。

1924年　44岁

6月，《中国小说史略》下卷出版，校《嵇康集》，并编撰校正《嵇康集》序。10月，译成日本厨川白村所著的文艺论文集《苦闷的象征》。冬起为《语丝》周刊撰稿。

1925年　45岁

11月，《热风》印成。12月，译成日本厨川白村《出了象牙之塔》。编辑《国民新报》副刊及《莽原》杂志。

1926年　46岁

7月起，与齐宗颐同译《小约翰》。8月，《彷徨》出版，月底离开北京，前往厦门，任厦门大学文科教授。

1927年　47岁

4月，出版《野草》。8月，开始编纂《唐宋传奇集》。10月，与许广平女士同居。12月，应大学院院长蔡元培之聘，任特约著作员。

1928年　48岁

1月，《小约翰》印成。2月，译《近代美术史潮论》毕，《唐宋传奇集》下册印成。4月，《思想·山水·人物》译作完成。6月，《奔流》创刊出版。10月，出版《而已集》。12月，与王方仁、崔真吾、柔石等合资创办“朝花社”。

1929年　49岁

4月，《壁下译丛》出版。6月，《艺术论》译成出版。

1930 年　50 岁

1 月，与友人合编《萌芽》月刊并且开始翻译《毁灭》。2 月，参加“左翼作家联盟”。9 月，校订《静静的顿河》（第一卷）完毕。12 月，《毁灭》翻译完成。

1931 年　51 岁

3 月，主持“左联”机关杂志《前哨》创刊。

1932 年　52 岁

出版《三闲集》《二心集》。

1933 年　53 岁

短评集《伪自由书》印成。

1934 年　54 岁

3 月，《南腔北调集》印成。12 月，《准风月谈》出版，《十竹斋笺谱》第一册印成。

1935 年　55 岁

2 月，开始译果戈理《死魂灵》第一部。10 月，编瞿秋白遗著《海上述林》。12 月，续写《故事新编》，整理《死魂灵百图》木刻本，并作序。

1936 年　56 岁

1 月 19 日，与朋友合办月刊《海燕》，该月《故事新编》出版。2 月，开始译《死魂灵》第二部。6 月，《花边文学》印成。8 月，痰中见血。10 月 19 日上午，因肺病逝世。